编 委 会

主 任 委 员：赵中秋

副主任委员：孙景轩　杨　斌

委　　　员：徐海钊　苏友新　张树飞　万　军

　　　　　　李盛林　邓开宁　刘　晨　陈　涛

看视频学修苹果手机（iPhone）

迅维职业技能培训学校　杨　斌　孙景轩　编著

电子工业出版社
Publishing House of Electronics Industry
北京·BEIJING

内 容 简 介

本书在介绍元器件、电路图和维修工具使用、手机刷机操作流程等相关知识的基础上，首先以 iPhone 7 为例讲述了常见故障的排查思路，然后讲解了 iPhone 7、iPhone 7 Plus、iPhone 8、iPhone 8 Plus 和 iPhone X 的维修实例。本书实例中涉及了无服务故障、通话故障、Wi-Fi 故障、不开机故障、白苹果故障、蓝屏故障、重启故障、不显示故障、触摸功能失灵故障、充电故障、漏电故障、进水、摔机、短路、断线、烧伤、刷机报错等。为方便读者学习，对于多数章节，本书录制了配套的视频文件。

本书是刚入门的手机维修爱好者很好的学习资料，也适合有一定电子技术基础和动手能力的电子维修人员及电子爱好者阅读，更值得专业手机维修人员参考与借鉴。

未经许可，不得以任何方式复制或抄袭本书之部分或全部内容。
版权所有，侵权必究。

图书在版编目（CIP）数据

看视频学修苹果手机：iPhone / 杨斌，孙景轩编著. —北京：电子工业出版社，2019.10
ISBN 978-7-121-37423-4

Ⅰ. ①看… Ⅱ. ①杨… ②孙… Ⅲ. ①移动电话机－维修 Ⅳ. ①TN929.53

中国版本图书馆 CIP 数据核字（2019）第 200755 号

责任编辑：刘海艳
印　　刷：北京市大天乐投资管理有限公司
装　　订：北京市大天乐投资管理有限公司
出版发行：电子工业出版社
　　　　　北京市海淀区万寿路 173 信箱　邮编　100036
开　　本：787×1 092　1/16　印张：17.75　字数：454.4 千字
版　　次：2019 年 10 月第 1 版
印　　次：2019 年 10 月第 1 次印刷
定　　价：98.00 元

凡所购买电子工业出版社图书有缺损问题，请向购买书店调换。若书店售缺，请与本社发行部联系，联系及邮购电话：（010）88254888，88258888。
质量投诉请发邮件至 zlts@phei.com.cn，盗版侵权举报请发邮件至 dbqq@phei.com.cn。
本书咨询联系方式：lhy@phei.com.cn。

前　言

从 2007 年，迅维出版《计算机主板维修实用技术》至今已有 12 年，在电子工业出版社的大力支持下，共编写出版了 13 种电子产品维修方面的书籍。其中，手机维修类书籍 3 种：《iPhone 维修不是事儿》《苹果手机（iPhone）维修秒杀 109 例》《苹果手机（iPhone）维修秒杀 129 例》。《iPhone 维修不是事儿》主要讲述 iPhone 的电路功能原理，以及早期 iPhone 的维修案例；《苹果手机（iPhone）维修秒杀 109 例》和《苹果手机（iPhone）维修秒杀 129 例》讲述了 iPhone 5s 到 iPhone 7 Plus 的维修经验和案例。

随着 iPhone 的升级，iPhone 维修市场从以修 iPhone 6 系列为主，逐步升级到以修 iPhone 7、iPhone 8、iPhone X 为主。为此，2019 年年初，迅维再次组织技术力量，着手编写本书。已出版的《苹果手机（iPhone）维修秒杀 109 例》《苹果手机（iPhone）维修秒杀 129 例》虽然能带给从业者一些好的参考和借鉴，但没有给新入行的手机维修人员以及有兴趣的电子维修爱好者提供足够的基础铺垫。纵观行业，也很少有讲述如何看懂电路图以及 iPhone 常见故障维修思路的图书。

利用 2019 年春节的空余时间，迅维技术团队编写了本书的第 1 章和第 2 章。第 1 章讲解元器件、电路图和维修工具使用、手机刷机操作流程等相关基础知识。第 2 章以 iPhone 7 为例，阐述 iPhone 30 多种常见故障的排查思路。2019 年 3 月到 7 月，通过在维修工作中收集最新、最具代表性的案例，迅维技术团队又编写了本书的第 3 章～第 7 章。

本书以浅显易懂的语言、清晰的结构编写，在向读者讲解 iPhone 维修思路的同时搭配真实的案例，通过大量的实物维修图片和工厂原理设计图相结合，可很容易地让读者了解 iPhone 常见故障的维修方法。对于部分术语和专业名词，本书保留了维修时常用口语式说法，特此说明。为方便读者查询，本书电路图中所用电路图形符号与厂家图纸保持一致，并未做完全标准化处理。

在与电子工业出版社密切合作的这些年，迅维技术团队通过不断努力，收获了很多：有读者的好评，有出版社的嘉奖，尤其是出版社颁发的"优秀作译者"荣誉证书，把迅维技术团队的苦和累都化作了源源不断的动力！

迅维技术团队中，参加本书编写的成员有杨斌、孙景轩、赵中秋、徐海钊、张树飞、苏友新、邓开宁、陈涛、刘晨、徐嘉宾、李盛林、黄鑫船、李秋云、周丽丽和姚雪。由于编者水平有限，书中难免有错误及纰漏之处，欢迎读者提出宝贵的意见。

本书配套视频观看方法

本书配套录制了讲解视频，可通过扫描各个章节正文中的二维码观看。

观看视频前，需要注册迅维网校和购买课程（本书读者免费）。下面讲解注册迅维网校和购买课程的具体操作步骤。

第1步　用微信扫描图1所示二维码。

图1

第2步　弹出图2所示界面，点击"阅读VIP"下面的"立即购买"按钮。

图2

第 3 步　新用户注册迅维网校账号，界面如图 3 所示，按照提示注册即可（如果是老用户，会自动跳过这步）。

图 3

第 4 步　购买课程，如图 4 所示，选择"按年"，然后点击"确认购买"按钮。

图 4

第 5 步　在图 5 所示界面，输入本书封底提供的优惠券码，点击"使用"按钮，然后提交订单，就完成了课程购买。

图 5

目 录

第1章 手机维修入门 (1)
1.1 iPhone 拆机图解 (1)
1.1.1 拆机需要用到的工具 (1)
1.1.2 iPhone X 拆机步骤 (1)
1.2 手机基础知识和元器件识别测量 (8)
1.2.1 iPhone 销售地区查询方法 (8)
1.2.2 iPhone 常用术语讲解 (10)
1.2.3 iPhone 元器件介绍 (12)
1.2.4 万用表、稳压电源的使用 (21)
1.2.5 电子元器件的认识与测量 (24)
1.3 新手如何看懂电路图 (33)
1.3.1 原理图简介 (33)
1.3.2 电路图中的英文标识解释 (33)
1.3.3 原理图中的标识解释 (36)
1.3.4 原理图详细解释 (37)
1.3.5 元器件位置图简介 (40)
1.3.6 元器件位置图的作用 (40)
1.3.7 点位图 (43)
1.4 手机维修工具 (51)
1.4.1 可调电源 (51)
1.4.2 烙铁 (52)
1.4.3 风枪 (57)
1.4.4 万用表 (60)
1.4.5 显微镜 (62)
1.4.6 拆机工具 (65)
1.4.7 镊子 (66)
1.5 iPhone 刷机工具的使用 (67)
1.5.1 刷机的注意事项 (67)
1.5.2 下载刷机常用软件 (67)
1.5.3 备份用户资料 (68)

1.5.4　下载固件 …………………………………………………………（73）
　　　1.5.5　刷机模式 …………………………………………………………（74）
　　　1.5.6　刷机操作 …………………………………………………………（75）

第2章　iPhone常见故障的排查思路 ……………………………………（80）

　2.1　接电严重漏电、大短路故障的排查思路 …………………………………（80）
　2.2　不开机/不触发故障的排查思路 …………………………………………（80）
　2.3　开机大电流故障的排查思路 ………………………………………………（81）
　2.4　开机定电流20～30mA无显示故障的排查思路 …………………………（82）
　2.5　开机定电流40～50mA无显示故障的排查思路 …………………………（83）
　2.6　开机定电流60～70mA无显示故障的排查思路 …………………………（84）
　2.7　开机定电流80～120mA无显示故障的排查思路 ………………………（84）
　2.8　开机电流跳变但无显示故障的排查思路 …………………………………（85）
　2.9　无显示供电故障的排查思路 ………………………………………………（86）
　2.10　暗屏故障的排查思路 ……………………………………………………（86）
　2.11　阴阳屏故障的排查思路 …………………………………………………（87）
　2.12　触摸显示屏无反应故障的排查思路 ……………………………………（87）
　2.13　前置摄像头故障的排查思路 ……………………………………………（89）
　2.14　后置摄像头故障的排查思路 ……………………………………………（89）
　2.15　打不开Wi-Fi故障的排查思路 …………………………………………（90）
　2.16　Wi-Fi信号弱故障的排查思路 …………………………………………（92）
　2.17　打电话时听筒无声故障的排查思路 ……………………………………（92）
　2.18　打电话时无送话故障的排查思路 ………………………………………（93）
　2.19　无铃声、免提无声故障的排查思路 ……………………………………（94）
　2.20　免提时无送话故障的排查思路 …………………………………………（95）
　2.21　无法录音故障的排查思路 ………………………………………………（96）
　2.22　不充电故障的排查思路 …………………………………………………（96）
　2.23　不联机故障的排查思路 …………………………………………………（97）
　2.24　无基带数据故障的排查思路 ……………………………………………（99）
　2.25　不认SIM卡故障的排查思路 ……………………………………………（100）
　2.26　无串号故障的排查思路 …………………………………………………（100）
　2.27　无移动和联通2G接收信号故障的排查思路 …………………………（102）
　2.28　无移动和联通2G发送信号故障的排查思路 …………………………（102）
　2.29　无移动4G网络故障的排查思路 ………………………………………（103）
　2.30　无联通和电信4G网络故障的排查思路 ………………………………（104）
　2.31　指纹不能解锁故障的排查思路 …………………………………………（104）
　2.32　无振动功能故障的排查思路 ……………………………………………（105）
　2.33　无GPS数据故障的排查思路 ……………………………………………（107）

第3章　iPhone 7维修实例 (108)

- 3.1　iPhone 7 Home 键太灵敏故障的维修 (108)
- 3.2　iPhone 7 打不开 Wi-Fi 功能故障的维修 (109)
- 3.3　iPhone 7 Wi-Fi 信号弱故障的维修 (110)
- 3.4　iPhone 7 进水后不能开机故障的维修 (111)
- 3.5　iPhone 7 开机白苹果，刷机时可以通过，但不能进入系统故障的维修 (113)
- 3.6　iPhone 7 升级后开机白苹果且时而重启故障的维修 (114)
- 3.7　iPhone 7 基带故障造成开机白苹果故障的维修 (116)
- 3.8　iPhone 7 打不开 Wi-Fi 功能故障的维修 (117)
- 3.9　iPhone 7 被摔后不能开机故障的维修 (118)
- 3.10　iPhone 7 不读 SIM 卡故障的维修 (119)
- 3.11　iPhone 7 不能开机、充电没反应故障的维修 (121)
- 3.12　iPhone 7 不定时重启故障的维修 (122)
- 3.13　iPhone 7 不能开机，刷机报错"4014"故障的维修 (124)
- 3.14　iPhone 7 不认 SIM 卡、不能充电故障的维修 (127)
- 3.15　iPhone 7 打不开后置摄像头故障的维修 (128)
- 3.16　iPhone 7 进水后不能开机故障的维修 (131)
- 3.17　iPhone 7 进水后插 SIM 卡无 4G 信号故障的维修 (135)
- 3.18　iPhone 7 卡系统，白苹果定屏故障的维修 (138)
- 3.19　iPhone 7 不能开机故障的维修 (139)
- 3.20　iPhone 7 无串号且有时白苹果重启故障的维修 (141)
- 3.21　iPhone 7 扩容后显示无服务故障的维修 (143)
- 3.22　iPhone 7 屏幕无显示故障的维修 (144)
- 3.23　iPhone 7 刷机报错"4013"故障的维修 (146)
- 3.24　iPhone 7 被摔且进水后不能开机故障的维修 (148)
- 3.25　iPhone 7 被摔后反复重启故障的维修 (149)
- 3.26　iPhone 7 无服务故障的维修 (151)
- 3.27　iPhone 7 无基带故障的维修 (152)
- 3.28　iPhone 7 显示"正在搜索"，无法激活故障的维修 (154)
- 3.29　iPhone 7 小电流不能开机故障的维修 (155)
- 3.30　iPhone 7 被摔后不能开机故障的维修 (157)
- 3.31　iPhone 7 被摔后打不开 Wi-Fi 故障的维修 (158)
- 3.32　iPhone 7 被摔后无送话、无法录音故障的维修 (159)
- 3.33　iPhone 7 指纹键无法返回功能故障的维修 (160)

第4章　iPhone 7 Plus 维修实例 (163)

- 4.1　iPhone 7 Plus 开机卡白苹果，无振动功能故障的维修 (163)
- 4.2　iPhone 7 Plus 进水后开机卡白苹果重启，刷机报错"9"故障的维修 (164)
- 4.3　iPhone 7 Plus 开机卡系统故障的维修 (166)

4.4　iPhone 7 Plus 开机一直卡白苹果重启故障的维修 ………………………………（168）
4.5　iPhone 7 Plus 不能充电故障的维修 …………………………………………（169）
4.6　iPhone 7 Plus 不能充电、无声音故障的维修 …………………………………（172）
4.7　iPhone 7 Plus 不能开机、不能充电故障的维修 ………………………………（174）
4.8　iPhone 7 Plus 不能开机故障的维修 …………………………………………（176）
4.9　iPhone 7 Plus 扩容又进水后不能开机故障的维修 ……………………………（178）
4.10　iPhone 7 Plus 进水后不能开机故障的维修 …………………………………（180）
4.11　进水的 iPhone 7 Plus 二修机刷机报错"56"故障的维修 ……………………（182）
4.12　iPhone 7 Plus 被摔后开机卡苹果图标故障的维修 …………………………（183）
4.13　iPhone 7 Plus 刷机报错"56"故障的维修 ……………………………………（185）
4.14　iPhone 7 Plus 无服务故障的维修 ……………………………………………（186）
4.15　iPhone 7 Plus 无法录音故障的维修 …………………………………………（188）
4.16　iPhone 7 Plus 无法摄像故障的维修 …………………………………………（190）
4.17　iPhone 7 Plus 无法照相故障的维修 …………………………………………（192）
4.18　iPhone 7 Plus 被摔后手电筒不能使用故障的维修 …………………………（194）
4.19　iPhone 7 Plus 前置摄像头无法使用故障的维修 ……………………………（195）

第5章　iPhone 8 维修实例 ……………………………………………………（197）

5.1　电感虚焊导致 iPhone 8 "小电流"不能开机故障的维修 ……………………（197）
5.2　iPhone 8 二修机不能开机故障的维修 …………………………………………（198）
5.3　iPhone 8 进水后不能开机故障的维修 …………………………………………（199）
5.4　iPhone 8 无电池数据故障的维修 ………………………………………………（201）
5.5　iPhone 8 二修机无服务故障的维修 ……………………………………………（202）
5.6　iPhone 8 有基带和串号，无服务故障的维修 …………………………………（202）
5.7　iPhone 8 无振动功能故障的维修 ………………………………………………（203）
5.8　iPhone 8 二修机不能充电故障的维修 …………………………………………（205）
5.9　iPhone 8 二修机打不开后置摄像头故障的维修 ………………………………（206）
5.10　通过搬板修复 iPhone 8 "小电流"不能开机的故障 …………………………（206）

第6章　iPhone 8 Plus 维修实例 ………………………………………………（209）

6.1　iPhone 8 Plus "大短路"导致不能开机故障的维修 …………………………（209）
6.2　iPhone 8 Plus 漏电导致不能开机故障的维修 …………………………………（211）
6.3　iPhone 8 Plus 被摔后插卡无服务故障的维修 …………………………………（212）
6.4　iPhone 8 Plus 耗电快，充电很久才能充上一点电故障的维修 ………………（215）
6.5　iPhone 8 Plus 打不开后置摄像头故障的维修 …………………………………（218）
6.6　iPhone 8 Plus 进水不能开机故障的维修 ………………………………………（218）
6.7　iPhone 8 Plus 被摔变形后不能开机故障的维修 ………………………………（220）
6.8　iPhone 8 Plus 触发后电流从 200mA 多起跳不能开机故障的维修 …………（222）
6.9　iPhone 8 Plus 触摸功能故障的维修 ……………………………………………（225）
6.10　iPhone 8 Plus 温度过高故障的维修 …………………………………………（226）

第 7 章　iPhone X 维修实例……………………………………………………（228）

　7.1　iPhone X 正常使用时突然不能开机故障的维修……………………………………（228）
　7.2　iPhone X 可显示充电图标，但充不进电故障的维修…………………………………（230）
　7.3　iPhone X 电压互短故障的维修…………………………………………………………（232）
　7.4　iPhone X 电压跳变故障的维修…………………………………………………………（233）
　7.5　iPhone X 后置摄像头连接座掉点故障的维修…………………………………………（235）
　7.6　iPhone X 连续拍照后卡顿重启故障的维修……………………………………………（237）
　7.7　iPhone X 无法录入人脸数据、感光功能不能用故障的维修…………………………（238）
　7.8　iPhone X 缺电压疑似通病故障的维修…………………………………………………（240）
　7.9　iPhone X 进水卡白苹果重启故障的维修………………………………………………（241）
　7.10　iPhone X 不能充电故障的维修…………………………………………………………（243）
　7.11　iPhone X 不读卡故障的维修……………………………………………………………（248）
　7.12　iPhone X 被摔后不能开机故障的维修…………………………………………………（249）
　7.13　iPhone X 不能开机，接电"大电流"故障的维修……………………………………（251）
　7.14　iPhone X 短路导致不能开机故障的维修………………………………………………（254）
　7.15　iPhone X 不能开机，刷机报错"4013"故障的维修…………………………………（256）
　7.16　iPhone X 进水后不能开机故障的维修…………………………………………………（260）
　7.17　iPhone X 进水后无法使用人脸识别功能故障的维修…………………………………（262）
　7.18　iPhone X 被摔后充电时可显示充电图标，但充不进电故障的维修…………………（263）
　7.19　iPhone X 被重摔后触摸功能失灵故障的维修…………………………………………（265）

第 1 章 手机维修入门

1.1 iPhone 拆机图解

iPhone 的拆机大同小异,而 iPhone X 的拆机最具有代表性。下面就带大家来学习 iPhone X 的拆机方法,从而了解 iPhone X 的内部结构。

1.1.1 拆机需要用到的工具

拆机需要用到的工具有螺丝刀、镊子、撬棒、吸盘、撬片、热风枪等,如图 1-1、图 1-2 所示。

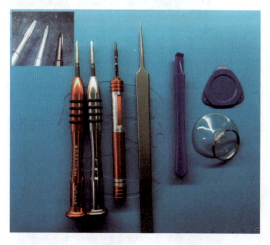

图 1-1 螺丝刀、镊子等工具

图 1-2 热风枪

1.1.2 iPhone X 拆机步骤

第 1 步 拆卸屏幕。将手机关机,把底部的螺丝拆掉,如图 1-3 所示。底部的这两颗螺丝起固定屏幕的作用。螺丝刀要用五星 0.8mm 的,如图 1-4 所示。

图 1-3　拆底部螺丝

图 1-4　五星 0.8mm 螺丝刀

第 2 步　用热风枪吹热机身边缘，如图 1-5 所示。iPhone X 的屏幕和机身除了用底部螺丝连接在一起外，还用了防水胶。这种胶类似双面胶，黏度很大。只有将 iPhone X 机身吹热以后，手机屏幕和机身之间的防水胶才会软化，软化后才容易将屏幕和机身分离。热风枪温度不能太高，一般 150℃加热 3min 左右就可以；如果温度过高，容易把屏幕弄坏。

第 3 步　当 iPhone X 的机身被吹热以后，用吸盘吸住屏幕底部并往上提（见图 1-6）。往上提时切勿用蛮力，用力过大容易把屏幕排线扯坏。

图 1-5　用热风枪吹热机身边缘

先在底部两个角撬开一条缝，有空隙后，再将柔软的薄拆机片插入屏幕和机身之间，并慢慢划开（见图 1-7）。因为屏幕和机身之间的胶加热后已经软化，所以很容易插入。

注意：先只是划开一圈防水胶，千万不要一下全部揭起来。

图 1-6　往上提吸盘

图 1-7　沿缝隙慢慢划开

第 4 步　屏幕与机身之间被划开后，如图 1-8 所示，将手机正放，然后从左边往右轻轻揭开屏幕。这时候要注意，手机的顶部位置有 3 个卡扣，先揭开下面，然后把屏幕轻轻向下带一带，就可以把整个屏幕揭起来了。揭开角度不要超过 90°。如果揭开角度过大，容易把排线扯断。揭开后可以看到屏幕的排线。

第 5 步　屏幕揭开后，可以看到里面有很多排线、螺丝等。如果要拆卸屏幕，先要把压住排线的 5 颗铁片螺丝（见图 1-9）拆掉。这些螺丝用三角螺丝刀才能拧开。因为这 5 颗螺丝大小长短不一，应放好并记清楚对应位置（非常重要）。如果上错位置，则在安装屏幕时会把屏幕顶坏。

图 1-8　屏幕被揭开

图 1-9　拆掉压住排线的铁片螺丝

第 6 步　拧下螺丝，把铁片拿掉后会发现有很多连接线。因为带电操作容易烧坏手机，所以需要先拆电池连接排线，如图 1-10 所示。接着拆显示、触摸、前置听筒连接排线（见图 1-11）。这几个排线拆下后，屏幕就可以和主板分开，如图 1-12 所示。

图 1-10　拆电池连接排线

图 1-11 拆前置听筒连接排线

图 1-12 屏幕和主板分开

第 7 步 拆后置摄像头。把两颗固定螺丝（见图 1-13）拧掉后，把固定铁框拿掉，摄像头就可以拿下来了。

iPhone X 的后置摄像头如图 1-14 所示。

图 1-13 两颗固定螺丝

图 1-14 后置摄像头

第 8 步 拆卸主板。把剩下的隐藏排线（见图 1-15）都撬开，再把固定主板的螺丝（见图 1-16）拧掉。螺丝有长短，一定要记清位置，不然装回去时会把主板拧坏。

图 1-15　隐藏的排线　　　　　　　图 1-16　固定主板的螺丝

第 9 步　拆 SIM 卡卡槽。卡槽拆下后要把顶卡的小塑料柱（见图 1-17）推回原位置，不然会挡住主板。

图 1-17　卡槽的小塑料柱

第 10 步　取出并分离主板，如图 1-18、图 1-19 所示。

图 1-18　取出主板　　　　　　　图 1-19　分离主板

iPhone X 的主板很小巧，是双层的，如图 1-20、图 1-21 所示。这样的设计使主板的尺寸大幅度缩小，空间利用率提升，但是制作成本高、维修难度大，对散热也非常具有挑战性。

图 1-20　主板正反面

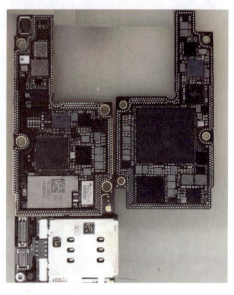

图 1-21　分层后的主板

第 11 步　拆尾插部分。先把尾插部分的螺丝拧掉。尾插部分的螺丝比较多，最好按原机位置摆个位置图（见图 1-22），安装时就不会拧错螺丝了。

第 12 步　拧掉螺丝后，拿掉铁片。铁片下部还有连接排线（见图 1-23），拆的时候要小心，不要扯断了。

图 1-22　螺丝摆放位置图

图 1-23　连接排线

第 13 步 取掉铁片后，拆后置喇叭。先拆喇叭到尾插的连接线（见图 1-24），再取下喇叭（见图 1-25）。

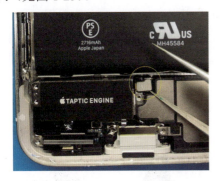 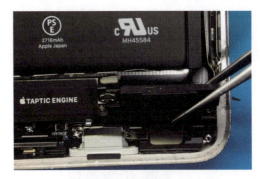

图 1-24　喇叭到尾插的连接线　　　　　　图 1-25　取下喇叭

第 14 步 拆振动器。把连接线（见图 1-26）取掉后拿下振动器。

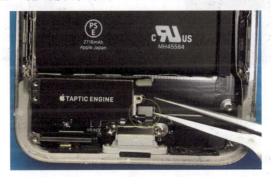

图 1-26　振动器的连接线

第 15 步 取掉振动器后，拆电池。电池下面有电池胶（见图 1-27），只需要用镊子夹住电池胶往外拉，电池就能取下来。拉电池胶时，应拉出一截就用镊子缠住，然后再拉。如果拉伸过长，电池胶容易断，断后再拆电池就很麻烦。

（a）电池底部的三条电池胶　　　　　　（b）电池顶部的一条电池胶

图 1-27　电池胶

电池占据了手机内部 60% 的空间，并且两块电池呈现 L 形布局，如图 1-28 所示。这两块电池是串联的。

到此手机基本拆卸完成。这里简单说一下 Face ID 模块。iPhone X 首次采用 Face ID 模块。Face ID 模块是人脸识别的关键。图 1-29 中蓝色框的是前置摄像头，橙色框的是红外点阵投影仪，黄色框的是红外摄像头。

图 1-28　iPhone X 的电池　　　　图 1-29　Face ID 模块

来张集体照，如图 1-30 所示。

图 1-30　集体照

1.2　手机基础知识和元器件识别测量

1.2.1　iPhone 销售地区查询方法

第 1 步　点击手机桌面上的"设置"图标。

第 2 步　点击"通用"。

第 3 步　点击"关于本机"。

第 4 步　看型号，如图 1-31 所示。

〈通用	关于本机
版本	10.1.1（14B100）
运营商	中国移动 26.0
型号	MG5W2LL/A
序列号	F78P11▇ZG▇1C

图 1-31　型号

型号 MG5W2LL/A 中斜杠"/"前的两位字母（图 1-31 中为 LL）表示手机销售地区。这两位字母代表的 iPhone 销售地区如下。

AB：埃及、约旦、沙特阿拉伯、阿拉伯联合酋长国

B：英国（有锁）、爱尔兰、马耳他

BG：保加利亚

BZ：巴西

C：加拿大（有锁）

CH：中国大陆（无锁）

CR：克罗地亚

CZ：捷克共和国

DN：德国（有锁）、荷兰

E：墨西哥

EE：爱沙尼亚

FB：肯尼亚、博茨瓦纳、喀麦隆、几内亚、马达加斯加、毛里求斯、法属西印度群岛、马里、象牙海岸、留尼汪岛、塞内加尔

FD：奥地利、列支敦士登、瑞士

GR：希腊

HN：印度

ID：印度尼西亚

J：日本（有锁）

KN：丹麦、挪威

KS：芬兰、瑞典

LA：哥伦比亚、委内瑞拉、尼加拉瓜、萨尔瓦多、多米尼加共和国、秘鲁、菲律宾、厄瓜多尔、巴拿马、危地马拉、尼日尔、克拉鲁

LE：阿根廷

LL：美国（有锁）

LT：立陶宛

LV：拉脱维亚

LZ：巴拉圭、乌拉圭

MG：匈牙利

MM：马其顿、黑山共和国

NF：法国（有锁）、比利时、卢森堡

PO：葡萄牙

PP：波兰

RO：罗马尼亚、摩尔多瓦

RS：俄罗斯

SL：斯洛伐克

SO：南非

T：意大利

TA：中国台湾

TH：泰国

TU：土耳其

X：澳大利亚（有锁）、新西兰

Y：西班牙

ZA：马来西亚、新加坡

ZP：中国香港（无锁）、中国澳门（无锁）

ZQ：牙买加

1.2.2　iPhone 常用术语讲解

1．"ID 锁"、"丢失模式"和"激活锁"

ID 锁是 iOS 7 及更高版本系统下开启"查找我的 iPhone"功能，在"查找我的 iPhone"状态下刷机或者升级系统，需要重新激活绑定手机上 Apple ID 账号才能进入桌面的一个功能。最初它是以应用的形式出现的，在 iOS 6 之后又包含了"丢失模式"。在该模式下用户可以使用一个 4 位数密码锁住丢失的设备，并在锁住的屏幕上显示一个联系电话。在这种情况下，iPhone 是不能使用的。

到了 iOS 7 之后，苹果公司对"查找我的 iPhone"功能进行了全面升级，用户不需要单独下载应用，这项功能已经集成到"隐私"→"定位服务"→"查找我的 iPhone"中。关闭"查找我的 iPhone"或者擦除设备都需要输入 Apple ID 和密码。此外，如果没有正确的 Apple ID 和密码，是无法在开机状态下用 iTunes 刷固件的。即使通过 DFU 模式强行刷机，刷完后开机激活时仍需要输入 Apple ID 和密码。这一措施正是 iOS 7 之后新增的"激活锁"。

理论上来说，"查找我的 iPhone"、Apple ID、"激活锁"串联起来的圆环就是 iPhone 和用户的保护神，对于 iPhone 窃贼则是一个挥之不去的幽灵，无论尝试怎样的方法，都不能让 iPhone 正常工作。

需要用户注意的是，如果从经销商手中购买了港版或者美版 iPhone，则购买时手机已经被激活，等到恢复出厂设置或者关闭"查找我的 iPhone"功能时会发现需要 Apple ID 和密码。

2．网络锁

"网络锁"多见于境外签约手机，是手机网络提供商对于同充值卡一起捆绑销售的手机在软件上做的一个限制。因为价格中含有运营商的补贴，通常在运营商渠道购买的 iPhone 价格会比较便宜。运营商为了确保该补贴成本可以从话费中收回，会利用"网络锁"把该手机锁定在运营商网络内，使手机只能使用该运营商指定的 SIM 卡。这种锁定运营商网络的技术就是"网络锁"。

3．白名单

手机有登录 ID 账号，但手机丢失后用户没有在另外的苹果设备上登录这个 ID，也没有让丢失的手机开启丢失模式，这样手机就处于白名单中。捡到手机的人可以通过官方渠道解开这个设备。

4．黑名单

黑名单就是手机开启了丢失模式，就不可能官方解锁了。

5．官解

通过官方渠道解开 iPhone。

6．硬解

通过更换硬件解除 iPhone 的 ID。

7．卡贴

卡贴（见图 1-32）是一层贴在 SIM 卡表面的电路膜，里面有小芯片，记录了各种运营商信息。卡贴与 SIM 卡大小一样，很薄，放在 SIM 卡的下方与之重合，一起插入 SIM 卡槽。

图 1-32　卡贴实物图

8．"有锁"和"无锁"

"有锁"指的是"网络锁"，见前面"2．网络锁"。"无锁"手机也叫官方解锁版的手机。例如，官网、商城等销售的无锁版的 iPhone 以及港行 iPhone 虽然价格比较高，但是有一个好处就是可以使用任何一家运营商的 SIM 卡。不过应注意，港行 iPhone 只能使用移动和联通 3G、4G 网络，澳门版 iPhone 是移动、联通、电信三网通用。

有锁和无锁 iPhone 的区别如下：

（1）价格的区别。国外进来的有锁机相对无锁机便宜近千元，如此大的差价多少会有点让人动心。

（2）使用的区别。有锁版不能及时与官方最新系统同步升级，即使升级了也需要再次解锁。每次升级，手机中的一个文件，我们称之为"基带"也会升级，让手机无法识别以前的解锁和越狱程序，也无法降级；卡贴失效了还得去找新版系统的卡贴替换，而且卡贴也会比较耗电。无锁版的 iPhone 可选择任何一家运营商的 SIM 卡激活，随时随地刷机更新。

9．"黑解"、"激活"及"反锁"

iPhone 联网激活的过程中，设备会将 SN 和 IMEI 及其他设备信息上传至苹果公司的服务器进行匹配和验证。成功匹配和验证后，iPhone 将从服务器端下载激活资料。这份资料包含当地法律法规、合约所属的运营商等。例如，日本法律规定拍照时必须将声音开到最大，美国 Verizon 运营商出售的 iPhone 不锁网络。下载完激活资料后才会开启手机所需要支持的功能。这样大家就应该可以明白，为什么不同版本的 iPhone 刷相同的固件，但是刷机激活后每个版本所支持的功能、网络都不一样了吧。iPhone 的恢复固件包含所有功能，只是在通过 SN 和 IMEI 验证后，才决定开启或关闭哪些功能。激活过程对应不同运营商的激活策略。

如果私自修改了下一次的激活策略，如修改成官网或者其他非合约机的策略，不就可以随意激活了吗？通过售后暂时更改 IMEI 的激活策略，或者以某种方式欺骗达到更改下一次激活策略的目的，让 iPhone 能够直接使用任意国内 SIM 卡通过服务器的认证，在一段时间内成为无锁机，这就是黑解。黑解很容易被苹果公司的服务器查出来，所以又产生了"反锁"。"反锁"就是苹果公司的服务器重新判定 iPhone 有锁。被判断有锁后，先不会影响手机的使用，但如果再次进入激活状态，连接苹果公司的服务器，就不会通过认证了。所以黑解后，需要注意的就是"不要抹除，不要刷机"！一旦 iPhone 被反锁了，只有买卡贴最实惠了。官解得花不少钱、时间又久。找一些淘宝店进行搜官解只怕又是黑解，等下次被锁，店家肯定又是百般推卸了。

10．越狱

越狱是指开放用户的操作权限，获得 iOS 系统的完全控制、使用权限，使得用户可以随意擦写任何区域的运行状态。只有越狱成功后，iOS 系统才可以安装和运行未经过官方认证的第三方程序、插件。

11．恢复模式

恢复模式用来恢复 iPhone 的固件。在恢复模式下，屏幕上会显示 iTunes 和数据线图标，系统使用启动加载器（iBoot）来进行固件的恢复和升级。当在恢复模式下进行系统恢复或者升级时，iBoot 会检测要升级的固件版本，以确保要升级的固件版本比当前系统的固件版本要新（版本号更高）。如果要升级的固件版本比系统当前安装的固件版本低，iBoot 将会禁止固件的恢复。

12．DFU 模式

DFU 的全称是 Development Firmware Upgrade。在 DFU 模式下，系统不会启动 iBoot，可以下进行固件的升级、降级。

13．搬板

搬板指把有问题的 iPhone 主板上的芯片搬到一块小料板上面。

14．小料板

小料板是小工厂生产 iPhone 主板，上面只有贴片电阻、电容、电感等一些小元件，没有集成电路芯片，供搬板用。

15．板机

板机是指使用搬过板的主板组装起来的手机。

16．"两网"和"三网"

通常说的"两网"就是支持中国移动、中国联通；"三网"就是支持中国移动、中国联通、中国电信，也就是支持全世界的网络，即全网通。

1.2.3　iPhone 元器件介绍

iPhone 从 iPhone 6 到 iPhone 8 Plus 的板型结构差不多。

iPhone 7 电路板的元器件功能标注如图 1-33 所示。

iPhone 8 Plus 电路板的元器件功能标注如图 1-34 所示。

iPhone X 和 iPhone XS 系列的电路板是双层结构。

iPhone X 电路板的元器件功能标注如图 1-35 所示。

iPhone XS Max 电路板的元器件功能标注如图 1-36、图 1-37 所示。

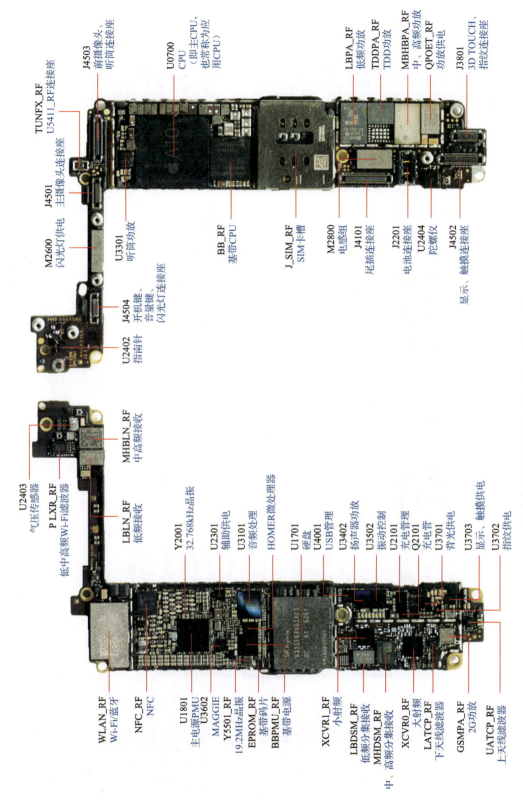

图1-33 iPhone 7 电路板的元器件功能标注

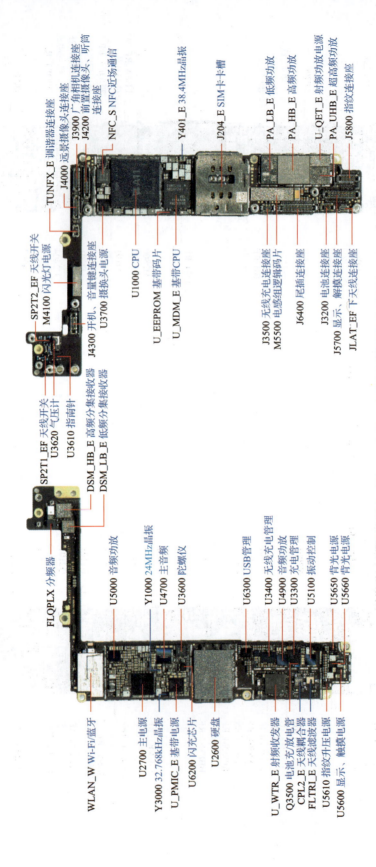

图1-34 iPhone 8 Plus 电路板的元器件功能标注

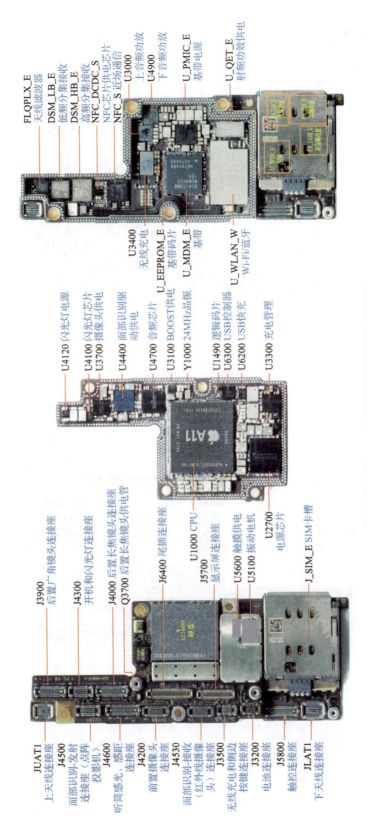

图1-35　iPhone X 电路板的元器件功能标注

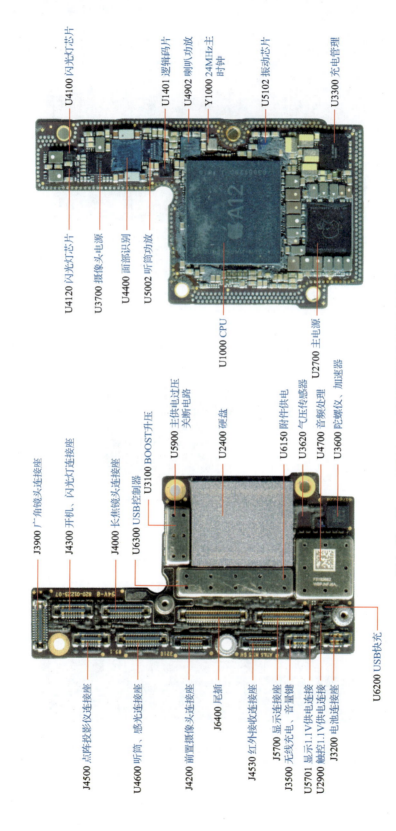

图1-36　iPhone XS Max 上层电路板的元器件功能标注

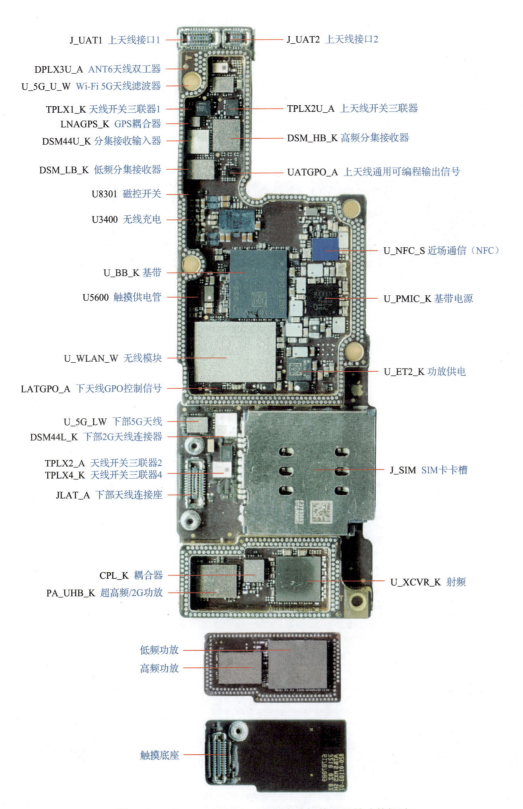

图1-37 iPhone XS Max下层电路板的元器件功能标注

1. CPU

手机中的 CPU（中央处理器）就是手机的大脑，负责给手机其他部件发指令。CPU 是手机的控制中心。经常说的手机慢、容易死机，其实都是受到 CPU 的影响。CPU 快，手机反应速度就快。目前市面上 iPhone 的 CPU 主要有 A8、A9、A10、A11、A12，如图 1-38 所示。A8 用于 iPhone 6 和 iPhone 6 Plus。A9 用于 iPhone 6S 和 iPhone 6S Plus。A10 用于 iPhone 7 和 iPhone 7 Plus。A11 用于 iPhone 8、iPhone 8 Plus 和 iPhone X。A12 用于 iPhone XS、iPhone XR 和 iPhone XS MAX。

图 1-38　iPhone 的 CPU 实物图

2. 内存、缓存、暂存

内存也叫缓存或暂存，是一种随机存储器（RAM）。在 iPhone 中，内存和 CPU 焊接在一起，外表看就是 CPU 的上层，也被称为上盖。

3. 硬盘、字库

iPhone 的硬盘常被简称为 NAND。NAND 实际是指 NAND 闪存，是一种非易失性存储器，断电后仍能保存其中的数据。手机一般用它存储固定的手机系统、软件和字库等。

功能机时代，手机程序、控制信息、字库信息等常存储在一个专用的存储芯片里面，因为字库信息占据主要存储空间，所以习惯把该存储芯片称作字库芯片。

iPhone 中常见硬盘的厂家有海力仕、东芝、闪迪等。各厂家硬盘容量识别如图 1-39 所示。

图 1-39　硬盘容量识别

4．电源芯片

电源芯片主要将手机电池电压转换为手机正常工作所需要的各种状态下的工作电压。目前手机主板需要的电流比较大，所以电源芯片需要 Buck 方式给手机提供大电流的工作电压。部分小电流的供电电源采用 LDO（低压差线性稳压器）的方式供电。iPhone 的应用部分和射频部分采用独立的电源芯片供电。应用部分的电源芯片即主电源芯片，如图 1-40 所示。射频部分的电源芯片即基带电源芯片，如图 1-41 所示。

图 1-40　iPhone 的主电源芯片实物图　　　图 1-41　iPhone 的基带电源芯片实物图

5．基带芯片

基带（BaseBand，BB）芯片，也叫基带 CPU。基带芯片负责合成即将发射的基带信号，或对接收到的基带信号进行解码：发射时，把音频信号、文字信息、图片信息编译成用来发射的基带码；接收时，把收到的基带码解译为音频信号、文字信息、图片信息。基带芯片内部包括基带 CPU、信道编码器、数字信号处理器、调制解调器和接口模块等。基带芯片负责对射频部分电路进行控制和管理，包括定时控制、数字系统控制、射频控制、省电控制和人机接口控制等。iPhone 前期主要采用高通基带芯片，如图 1-42 所示。从 iPhone 7 开始引入英特尔基带芯片（见图 1-43），到 iPhone XS、iPhone XS Max、iPhone XR 就只使用英特尔基带芯片了。

图 1-42　高通基带芯片实物图　　　　　图 1-43　英特尔基带芯片实物图

6．射频芯片

射频（Radio Frequency，RF）芯片也称中频芯片。在手机中，射频芯片主要负责信号的接收、发送、频率合成等。射频芯片内部包括接收通道和发射通道两大部分。射频芯片的一个接收通道支持相邻的多个频段和多种模式。iPhone 常用 WTR 系列的射频芯片。射频芯片 WTR3925 如图 1-44 所示。

7．射频功率放大芯片

射频功率放大器（RF PA）是发射系统的主要部分。在射频发射的前级电路中，射频调制电路所产生的射频信号功率很小,需要经过一系列的放大并获得足够的射频功率以后,才能送到天线上辐射出去,所以必须采用射频功率放人器对射频信号进行功率放大。全网通 iPhone 支持的射频非常多,所以一台 iPhone 中会设计多个射频功率放大(功放)芯片(见图 1-45),常见的有低频功放芯片、中频功放芯片、高频功放芯片等。

图 1-44　射频芯片 WTR3925 实物图　　　图 1-45　iPhone 的射频功率放大芯片实物图

8．天线开关

手机天线开关的作用是切换天线的工作状态。手机信号的接收与发射共用一根天线。天线开关的作用是在发射信号时让信号发射出去,接收信号时让信号接收进来。开关的切换由基带 CPU 控制。

天线开关切换的是频段以及接收、发射状态。天线开关损坏会影响手机的信号,如出现无服务或者信号弱等故障。iPhone 的天线开关芯片如图 1-46 所示。

图 1-46　iPhone 的天线开关芯片实物图

9．Wi-Fi 芯片

Wi-Fi 是 Wireless Fidelity(无线保真)的缩写。Wi-Fi 俗称无线宽带、无线网络。能够访问 Wi-Fi 网络的地方被称为热点。iPhone 的 Wi-Fi 芯片(见图 1-47)负责接收、发送手机 Wi-Fi 信息,一般位于手机背面的顶端位置。Wi-Fi 芯片损坏会导致手机连接不上热点。

10．NFC 芯片

近场通信(Near Field Communication,NFC)又称近距离无线通信,是一种短距离的高频无线通信技术。NFC 技术使电子设备之间的距离在 20cm 内时,可以进行非接触式点对点数据传输、交换数据。这个技术由射频识别(RFID)演变而来,由飞利浦和索尼共同研制开发,其基础是 RFID 及互联技术。使用了 NFC 技术的设备可以在彼此靠近的情况下进行数据交换,通过在单一芯片上集成感应式读卡器、感应式卡片和点对点通信的功能,利用移动终端实现移动支付、电子票务、门禁、移动身份识别、防伪等应用。目前市面上的 iPhone 均支持 NFC 功能。iPhone 的 NFC 芯片如图 1-48 所示。

图 1-47　iPhone 的 Wi-Fi 芯片实物图　　图 1-48　iPhone 的 NFC 芯片实物图

11．指南针芯片

指南针芯片是一个利用地球磁场的原理来工作的电子元器件。指南针是一种重要的导航工具，能够实时提供手机移动的方向，与手机上的加速器配合导航，对 GPS 信号进行有效补偿，做到"丢星不丢向"，以指示当前方向。iPhone 的指南针芯片如图 1-49 所示。

12．陀螺仪

陀螺仪是对物理偏转、倾斜时的转动角速度进行检测的装置。陀螺仪可以应用于手机游戏，以及与手机中的指南针芯片配合工作进行导航，还可以与手机上的摄像头配合使用进行防抖等。iPhone 的陀螺仪芯片实物图如图 1-50 所示。

图 1-49　iPhone 的指南针芯片实物图　　图 1-50　iPhone 的陀螺仪芯片实物图

13．气压传感器

气压传感器是一种对气压强弱敏感的元器件。当手机处于不同海拔高度时，由于空气压力会降低或升高，因此可采用气压传感器测量并采集压力数据，并将数据传送给 CPU，CPU 根据压力值计算出海拔高度。iPhone 的气压传感器实物图如图 1-51 所示。

1.2.4　万用表、稳压电源的使用

图 1-51　iPhone 的气压传感器实物图

1．万用表

在实际维修中，万用表主要用来测量电路中的电压值与二极体值（也常称对地值）。万用表分为指针万用表和数字万用表。数字万用表又分为手动挡的（见图 1-52）与自动挡的（见图 1-53）两种。

21

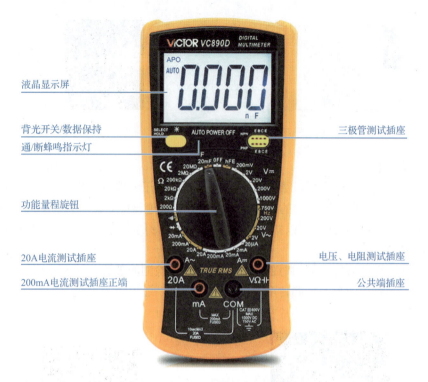

图1-52 手动挡数字万用表

图1-53 自动挡数字万用表

（1）用万用表测量电压

将数字万用表的功能旋钮拨到直流电压挡位，黑表笔接地（螺丝孔、铁壳），红表笔接被测点，直接读取屏幕上的数值。如果红、黑表笔接反，则显示负数，对实际值不会有影

22

响,如图 1-54 所示。

图 1-54　用数字万用表测量电压

(2)用万用表测量二极体值

将数字万用表的功能旋钮拨到二极管挡位,红表笔接地(具体可接螺丝孔、铁壳),黑表笔接被测点,直接读取屏幕上的数值,该值没有单位,如图 1-55 所示,二极体值为 62(显示为 0.062,维修叙述时都习惯扩大 1000 倍。全书同)。

图 1-55　用数字万用表测量二极体值

(3)用万用表测量通路、断路

将数字万用表的功能旋钮调至二极管挡,红、黑表笔分别接两个被测点,如果屏幕上显示为 0,则表示通路;如果显示 OL,则表示断路,如图 1-56 所示。有时候也可以用蜂鸣挡测量,可更加快速地判断通路、断路。

图 1-56　万用表测量通路、断路

2．可调直流稳压电源

可调直流稳压电源（常简称为可调电源）如图 1-57 所示。其按钮说明均已标明，不再阐述。

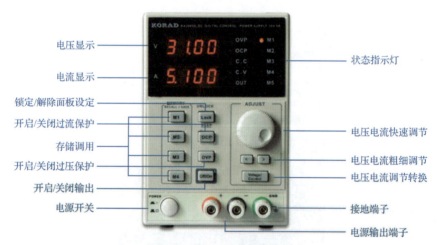

图 1-57　可调直流稳压电源

1.2.5　电子元器件的认识与测量

1．晶振

（1）晶振介绍

晶体振荡器简称晶振，可产生原始的时钟频率。晶振频率经过频率发生器倍频后就成了手机中各种不同的时钟频率，送到主板上各个设备中使设备正常工作。

（2）晶振的代号

晶振用字母 Y 表示。例如，图 1-58 中，Y2200 表示主板上位置号为 Y2200 的晶振。

图 1-58　晶振电路图形符号

（3）晶振的电路图形符号

晶振在电路图中使用的电路图形符号见图 1-58。

（4）常见晶振

手机主板上常见的三种晶振实物图如图 1-59 所示。

32.768kHz 晶振用于给主电源中的 RTC（Real Time Clock，实时时钟）电路提供基准频率，再转为休眠时钟信号输出给主板的各个设备。例如，32.768kHz 晶振损坏会导致休眠唤不醒、时间不准、时间不保存等故障，在不同手机中故障表现不一样。

24MHz 晶振用于产生 CPU 的基准时钟频率，损坏会导致开机定电流无显示。

19.2MHz 晶振用于给基带电源提供基准频率，由基带电源再输出给基带 CPU、射频芯片提供工作时钟信号。

（a）32.768kHz 晶振　　　（b）24MHz 晶振　　　（c）19.2MHz 晶振

图 1-59　手机主板上常见的三种晶振实物图

（5）晶振好坏的判断

① 使用示波器测量晶振两脚的波形和频率，与标示值对比，频率相同为好，不同为坏。

② 使用替换法判断晶振好坏。

（6）晶振更换的原则

晶振主要给各模块提供基准频率，不同位置工作所需要频率不一样，晶振损坏时必须使用同型号的晶振进行更换。

（7）晶振的应用电路

晶振的应用电路如图 1-60 所示。主电源芯片得到 PP_VDD_MAIN 主供电后，给 32.768kHz 晶振供电，晶振起振提供 32.768kHz 频率给主电源芯片实时时钟电路，让实时时钟电路工作，使手机日期、时间正常。

2．电感

（1）电感介绍

电感器（电感线圈）是用绝缘导线（例如漆包线、纱包线等）绕制而成的，可储存能量，是电子电路中的常用元器件之一。电感量的单位是"亨利"（H）。电感在电学上的作用为通低频信号、隔高频信号、通直流电压、隔交流电压。这一特性刚好与电容相反。流过电感中的电流是不能突变的。

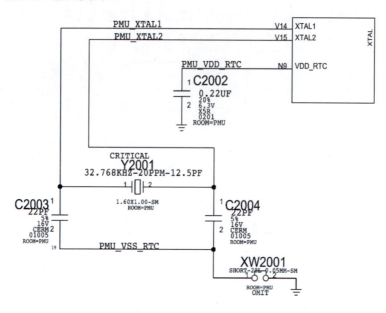

图 1-60　晶振的应用电路

（2）电感的代号

电感用英文字母 L 表示，如 L2000 表示主板上位置号为 L2000 的电感。有的电感可用作熔断器，称为熔断电感，用 FL 表示。

（3）电感的电路图形符号

在手机中使用的电感有贴片电感和水泥电感线圈。其电路图形符号如图 1-61 所示。贴片电感一般用在小电流供电电路中起保护作用，如芯片供电、信号线上的熔断电感。水泥电感线圈多在供电电路中用于滤波、储能，如 CPU 供电、暂存供电、GPU 供电电路中的电感。

（a）贴片电感　　　　　　　　　　　　（b）水泥电感线圈

图 1-61　手机中使用的电感的电路图形符号

（4）常见电感

贴片电感（见图 1-62（a））的外表是棕色的，常见于接口旁边和一些小电流供电电路上。水泥电感线圈（见图 1-62（b））带有一个黑色外壳，常在 CPU 旁边，用于供电的滤波和储能。

（5）判断电感好坏

判断电感好坏一般是测量两端是否相通。如图 1-63 所示，使用万用表的数字二极管挡或者蜂鸣挡，红、黑表笔轻轻搭在电感两端，显示数值为 0 表示电感正常，显示数值为无穷大表示电感开路。

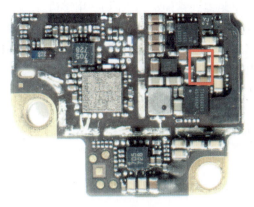

（a）贴片电感　　　　　　　　　　（b）水泥电感线圈

图1-62　电感实物图

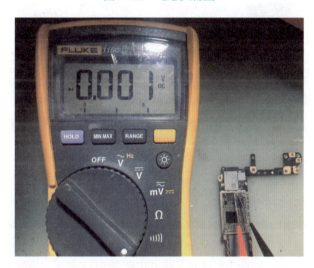

图1-63　测量电感

（6）电感的替换原则

替换贴片小电感时可找外观大小相同的；有些电路上的贴片小电感，如果找不到合适的，也可用焊锡直连。水泥电感线圈一般要找相同大小、参数相同的替换。手机维修中，替换水泥电感线圈时，一般从料板的相同位置拆件替换。

（7）电感的应用电路

电感的应用电路如图1-64所示，主电源输出的PP1V8供电经过熔断电感FL3906改名为PP1V8_LCM_CONN给显示屏供电。如果装错屏或者屏有问题导致电流超过FL3906所能承受的电流后，FL3906会被烧开路以保护主电源芯片不被烧坏。

3．电阻

（1）电阻介绍

物质对电流的阻碍作用就叫该物质的电阻。电阻小的物质称为电导体，简称导体。电阻大的物质称为电绝缘体，简称绝缘体。用电阻材料制成的，有一定结构形式，能在电路中起限制电流通过作用的二端电子元件是电阻器（常简称为电阻）。用字母 R 表示电阻。电阻实物如图 1-65 所示。在电路图中，电阻用图 1-66 所示电路图形符号表示。电阻的基本单位是欧姆（ohm），简称欧，符号是 Ω，比较大的单位有千欧（kΩ）、兆欧（MΩ）等。换算关系是 1TΩ=1000GΩ、1GΩ=1000MΩ、1MΩ=1000kΩ、1kΩ=1000Ω。

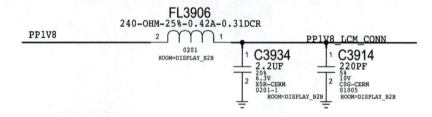

图 1-64　电感的应用电路

图 1-65　电阻实物　　　　　　图 1-66　电阻电路图形符号

（2）识别电阻阻值

手机主板中使用 01005 封装的电阻，在这种电阻的表面上没有任何标注，只能通过对应的位置图和电路图查看参数。图 1-66 中电阻的阻值为 6.34kΩ。

（3）保护（熔断）电阻

保护电阻的作用是保护电路中的主要元器件不被烧坏。保护电阻一般常见于主供电的供电电路中，阻值一般都在 10Ω 以下。

图 1-67 中，R6001_RF、R6005_RF、R6006_RF 为保护电阻。基带电源输出的 PP_0V9_LDO3 供电通过 R6001_RF、R6005_RF、R6006_RF 电阻改名后，给大射频 XCVR0_RF 供电。当大射频 XCVR0_RF 负载过大或者短路时，通过电阻的电流变大，当超过电阻所能承受的范围时，电阻自燃，使电路开路，芯片供电断开，从而保护了基带电源。

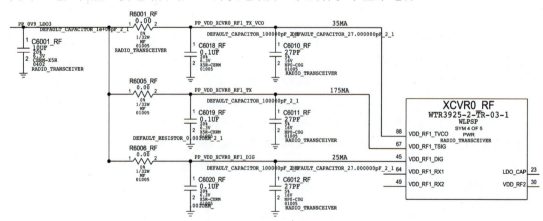

图 1-67　保护电阻应用电路

（4）上拉电阻

上拉电阻的作用是将不确定的信号上拉到高电平，增加信号电流，让信号能远距离、高速传输。图 1-68 中，R4701、R4702 就是上拉电阻，I2C0 总线的 I2C0_AP_SCL、I2C0_AP_SDA 信号经过电阻 R4701、R4702 上拉到 PP1V8 电压，增加信号电流，同时也有限流作用。

（5）下拉电阻

下拉电阻是将不确定的信号经过电阻后接地，用于设置信号的工作状态。图 1-69 中，PCIE_CAL_RES 信号通过下拉电阻 R5803_RF 接地，设置基带 CPU 的 PCIE 总线模块的工作参数。如果电阻 R5803_RF 损坏，会导致基带 CPU 的 PCIE 模块的工作参数出错，基带无法与 CPU 通信，导致基带故障。

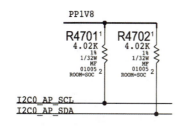

图 1-68　上拉电阻应用电路

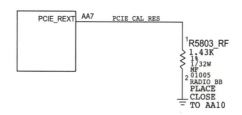

图 1-69　下拉电阻应用电路

（6）判断电阻好坏

电阻的测量方法如图 1-70 所示，将数字万用表的功能旋钮调到欧姆挡，红、黑表笔分别搭在电阻的两端，显示屏上显示的数值为所测量电阻的阻值。如果测量数值与电阻标示值不一致，说明电阻已损坏。

图 1-70　电阻的测量方法

注意：① 电阻损坏一般表现为阻值变大或为无穷大。

② 由于电阻的制作材料不同，电阻阻值会有一定误差，测量数值在误差范围之内的电阻属于好电阻。

③ 在电路板上测量时，所得阻值不是 100%准确。需要准确测量时，一定要将电阻拆下来测量。

4．电容

（1）电容介绍

电容是一种容纳电荷的元件，用字母 C 表示。电容具有充电和放电功能。电容两端电压不能突变。在手机主板电路中，电容主要用于供电滤波、信号耦合、谐振等。在电路图中，通常用图 1-71 所示电路图形符号来表示电容。电容实物如图 1-72 所示。

图 1-71　电容电路图形符号 　　　　图 1-72　电容实物

（2）滤波电容

为稳定各个芯片的工作电压，在电路中使用滤波电容将供电中的交流杂波滤除到地，使电压稳定输出。滤波电容必须有一脚接地。图 1-73 中的 C1401、C1408、C1434、C1449 是 PP_CPU_VAR 供电的滤波电容，用于将 PP_CPU_VAR 供电中的交流干扰成分滤除到地，保证 PP_CPU_VAR 电压稳定输出给 CPU。如果这些电容损坏，输出电压就会有波动，导致 CPU 工作不稳定而出现死机故障。

图 1-73　滤波电容应用电路

（3）耦合电容

耦合电容串联在信号电路中，用于隔离直流，并保证交流信号高速传输。在手机主板中，耦合电容通常应用在 PCIE 总线上，如硬盘与 CPU 之间的 PCIE 总线、Wi-Fi 与 CPU 之间的 PCIE 总线、基带与 CPU 之间的 PCIE 总线。图 1-74 为耦合电容应用电路。

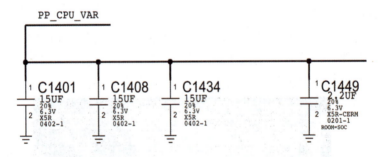

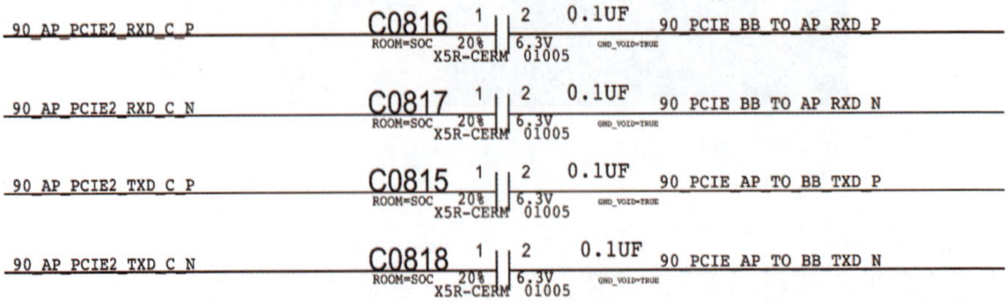

图 1-74　耦合电容应用电路

（4）谐振电容

谐振电容主要协助晶振工作，分别接在晶振的两个引脚和地之间。晶振边上的电容就是谐振电容，如图 1-75 所示。谐振电容实物如图 1-76 所示。谐振电容的参数会影响晶振的频率和输出幅度，导致手机工作不稳定。

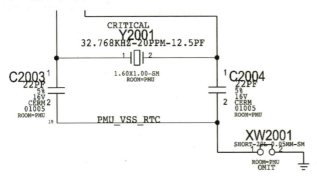 

图 1-75　谐振电容应用电路　　　　　　　　图 1-76　谐振电容实物

（5）判断电容好坏

目测电容外观有明显压伤、碎裂、氧化、腐蚀的必须要换。

测量使用数字万用表二极管挡，用两支表笔夹着电容两端：如果显示屏显示数值为无穷大，表示所测电容是好的；如果显示屏显示数值为 0，表示电容短路；如果显示屏显示有数值，表示电容漏电。如果要准确判断，则需要使用电容表测量或者通过替换电容来判断。

（6）电容更换的原则

查看电路图找相同容量、耐压的电容进行更换。手机维修时，通常用相同拆件板上相同位置的拆件来更换。

5．二极管

（1）二极管介绍

二极管是一种半导体器件，在 iPhone 电路图中常用字母 D、ZD 表示。二极管有两个极，分别是 P 极和 N 极。P 极为正极，N 极为负极。

二极管的电学特性是单向导通，电流只能从二极管正极流入，从负极流出。如果二极管的正极电压高于负极电压，则二极管导通，且内阻很小；如果二极管的正极电压低于负极电压，则二极管截止，且内阻极大或为无穷大。

（2）二极管电路图形符号

图 1-77 为二极管的电路图形符号，字母 A 的一端为正极，字母 K 的一端为负极。

（3）二极管实物极性区分

二极管实物图如图 1-78 所示，有打磨、黑色圈等标志的一端为负极，无标志的一端为正极。

图 1-77　二极管的电路图形符号　　　　　图 1-78　二极管实物图

（4）防静电二极管

防静电二极管分布于 SIM 卡卡槽、开机键、音量键、尾插接口的信号线上，防止其他设备或人体的静电进入主板导致主板损坏。图 1-79 为 SIM 卡时钟信号线上的防静电二极管。当人体静电进入 SIM 卡卡槽时，首先通过二极管 DZ6904_RF 到地，可有效防止基带 CPU 损坏。

（5）测量二极管好坏

① 将万用表的功能旋钮调到二极管挡。

② 红表笔接二极管正极，黑表笔接二极管负极，显示 100～800 数值。

③ 把表笔对调，红表笔接二极管负极，黑表笔接二极管正极，显示 0L 无穷大。

④ 如果测量数值为 0，表示二极管短路；如果两次测量数值都为 0L，表示二极管开路；如果两次测量都有数值，表示二极管被击穿了。

图 1-79 防静电二极管

6．MOS 管

（1）场效应晶体管介绍

场效应晶体管（Field Effect Transistor，FET）简称场效应管，在 iPhone 电路图中常用字母 Q 表示。场效应管属于电压控制器件，利用输入电压产生的电场效应来控制输出电流。

场效应管主要分为结型场效应管和绝缘栅型场效应管。结型场效应管有 N 沟道和 P 沟道之分。绝缘栅型场效应管也叫金属-氧化物-半导体场效应管，简称 MOS 管，分为耗尽型 MOS 管和增强型 MOS 管，也有 N 沟道和 P 沟道之分，电路图形符号如图 1-80 所示。在电路图中通过看 MOS 管中间箭头来区分 N 沟道 MOS 管和 P 沟道 MOS 管，箭头向内的为 N 沟道 MOS 管，箭头向外的为 P 沟道 MOS 管。手机主板中的 MOS 管实物如图 1-81 所示。

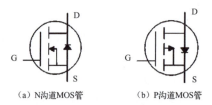

（a）N沟道MOS管　　（b）P沟道MOS管

图 1-80　MOS 管电路图形符号

图 1-81　手机主板中的 MOS 管实物

场效应管有三个极，分别是栅极（用 G 表示，也称控制极）、漏极（用 D 表示，也称输入极）、源极（用 S 表示，也称输出极）。

（2）场效应管的工作原理

主板中，MOS 管的最大作用是降压。其原理是通过控制 MOS 管 G 极上电压的高低来改变 MOS 管内部沟道大小，进而改变 S 极上输出电压的高低，将输入电压调节到所需要的电压并输出。

N 沟道 MOS 管的导通特性：G 极电压越高，D、S 之间导通程度越强；反之，G 极电压越低，D、S 极的导通程度越弱；G 极电压达到 12V 时，D、S 极完全导通。

P 沟道 MOS 管的导通特性：G 极电压越高，D、S 极导通程度越弱；反之，G 极无电压时，D、S 极完全导通。维修中，常简称 N 管高电平导通，P 管低电平导通。

（3）检测场效应管好坏

手机主板供电电路中绝大部分的场效应管都用于电压或者信号的转换，如图 1-82 所示。维修时，先给手机通电，然后测量 MOS 管的 D 极电压，再测量 S 极电压：如果 S 极电压与 D 极电压相同，则认为 MOS 管是好的；如果 S 极电压与 D 极电压不相同，则认为 MOS 管是坏的。

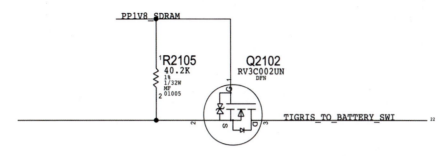

图 1-82　手机中 MOS 管应用

（4）MOS 管替换的方法

① 从拆件板相同位置拆件进行替换。

② 笔者认为，维修时如找不到替换管，iPhone 主板中的损坏的 MOS 管大部分可以拆掉后，将 D 极与 S 极焊盘短接即可，对手机功能基本无影响。

1.3　新手如何看懂电路图

看懂电路图是维修人员进一步提高水平的门槛。维修人员必须具备一定的电子技术基础知识才能看懂电路图。

电路图一般包含原理图、元器件位置图（简称位置图）。另外，为了维修方便，不少技术团队开发了点位图，便于查询手机电路板的元器件和信号。

原理图和位置图都是 PDF 格式。其阅读工具有多种，比如福昕 PDF 阅读器、Adobe Reader、PDF-XChange Viewer 等。

1.3.1　原理图简介

原理图是让用户对主板的电路原理有所了解，知道各个芯片的功能及其线路的连接，如图 1-83 所示。

1.3.2　电路图中的英文标识解释

电路图中会有许多英文标识。这些标识主要起到辅助解图的作用。

英文标识在电路图上会灵活出现。例如，"扬声器"是"SPEAKER"，缩写是"SPK"；"正极"是"Positive"，缩写是"P"；SPKP 代表扬声器正极。

下列是常见的英文标识，需要背熟记熟。

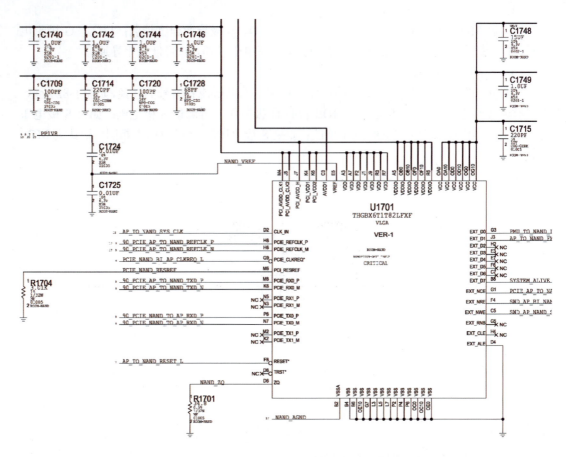

图 1-83　原理图

19P2M：19.2MHz 时钟
24M：24MHz 晶振
ACCEL：加速计
GYRO：陀螺仪
ACCESSORY/ACC：附件
ADJ：调整
AF：自动对焦
ALS：光线感应器
ANTENNA/ANT：天线
AP：主 CPU
ARC：振动
ASM：天线开关
BACKLIGHT/BL：背光
BATT：电池
BB：基带
BBPMU：基带电源

BI：双向通信
BIAS：偏压
BOARD_ID4：主板配置
BOOST_OUT：升压输出
BOOT：启动
BT：蓝牙芯片
BUFF：缓冲信号
BUTTON：按键
CLK：时钟
CLKREQ：时钟请求
COMPASS：指南针
CONN：接口
CS：片选
CTS：清除发送
DATA：数据
DEBUG：调试接口

DETECT/DET：检测
DIN：数据输入
DISPLAY/LCM：显示屏
DOCK FLEX CONN：尾插连接座
DOUT：数据输出
DOWN：下
EEPROM：码片
EN：开启、使能
EXT：外接
FCAM：前置摄像
FRONTMIC3：前置 MIC3
GRAPE：触摸屏
HAC：助听器设备
HB：高频段
HOST：主机
HOST_WAKE：主机唤醒信号
HP_HS3：耳机 MIC
HPHONE：耳机
INT：中断信号
IRLED：红外灯
KEEPACT：维持信号
LCD_BL：屏幕背光供电
LCM：显示屏
LED_DRIVER：闪光灯驱动
LED_MODULE_NTC：闪光灯组件温度检测
LOW：低
MAMBA：指纹扫描电路
MB：中频段
MCLK：主时钟
MDM_19P2M_CLK：调制解调器 19.2MHz 时钟信号
MESA：指纹
MISO：主输入/从输出
MOSI：主输出/从输入
NAND：硬盘
NTC：温度检测
OSCAR：协处理器

OUT：输出
OVP：过压保护
PA：功放
PCIE：高速串行扩展总线
PHOSPHORUS：气压传感器
PMU：主电源
PP_LED_DRIVER_COOL_LED：闪光灯冷光驱动供电
PP_LED_DRIVER_WARM_LED：闪光灯暖光驱动供电
PROX：距离感应器
PS_HOLD：维持信号
RADIO_ON_L：电源供电开启信号
RCAM：后置摄像
RCVR：听筒
REAR：后置
REFCLK：基准时钟
REG_ON：供电开启
RESET：复位信号
RF：射频
RFFE：射频前端
RINGER：静音、振动
RTS：发送请求
RXD：数据接收
SHUTDOWN：关闭
SIM：SIM 卡
SLEEP：睡眠
SPEAKERAMP：音频放大器
SPI：串行外设接口
SPKR：扬声器
STOCKHOLM：近场通信芯片
STROBE：闪光灯
SWI：电量检测信号
SWITCH：开关
SWITCHERS/SW：开关电源
TCAL：温度校准
TEST：测试
TIGRIS：充电芯片

TIGRIS_VBUS_OFF：充电过压保护关闭信号

TO：到

TOUCH、CUMULUS、MESON：触摸

TRISTAR：USB 管理器

TXD：数据发送

UART：通用异步串行通信接口

VBATT_SENSE：电池电量检测传感

VCORE：核心供电

VIBE DRIVER/VIB：振动

VOL：音量

VOL_DWN：音量降、音量减

VOL_UP：音量升、音量加

VREF：基准电压、参考电压

VSENSE：电压检测

WAKE：唤醒

WLAN：Wi-Fi 芯片

WLAN_REG_ON：Wi-Fi 注册启动信号

XTAL：时钟接口，晶振

1.3.3 原理图中的标识解释

图 1-84 对原理图中的标识进行了解释。各个厂家的原理图大同小异。

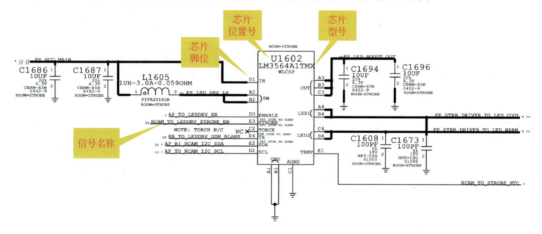

图 1-84　原理图中的标识

交叉相连的线会打一个黑点，不相交的线不会打黑点，如图 1-85 所示。

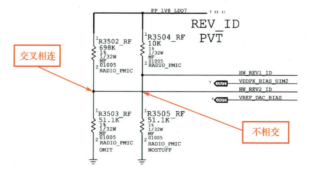

图 1-85　原理图中交叉相连和不相交的线

手机电路图中的信号过一个元器件或标注点后会改名（见图 1-86），查图时一定要根据改名后的信号名进行查找。

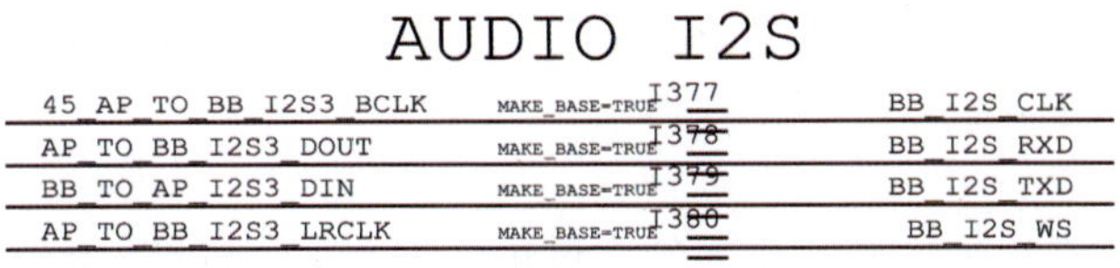

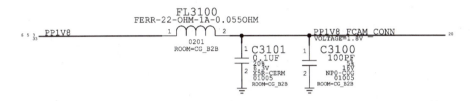

图 1-86 改名的信号截图

1.3.4 原理图详细解释

1. 电压转换

PP1V8 电压通过熔断电感转换为 PP1V8_FCAM_CONN 电压，如图 1-87 所示。

图 1-87 电压改名的电路截图

2. 页码标识

为了用户打印文件后方便查找，在每一条非终端的线路上会标识与之连接的另一端信号的页码。如图 1-88 所示，如果想查找 SPI_OWL_TO_ACCEL_GYRO_CS_L（见图 1-88（a））是由哪里输入到 U3100 的，那么根据线路连接页码提示，就可以直接寻找第 9 张电路图，并根据信号描述找到所连接的芯片是 U0600（见图 1-88（b））。

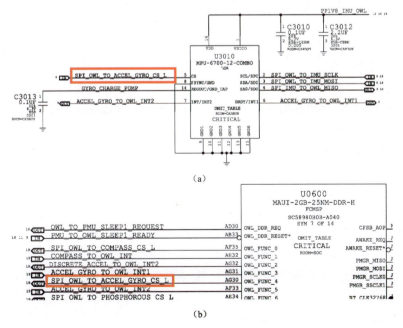

图 1-88 原理图中的页码标识举例

不过，现在大多使用电子版电路图，可以使用 PDF 阅读软件轻松搜索信号名，信号后面的页码就显得不那么重要了。

3．接地点

主板上的任何一个接地点都是相通的，也相当于电池的负极，如图 1-89 所示。

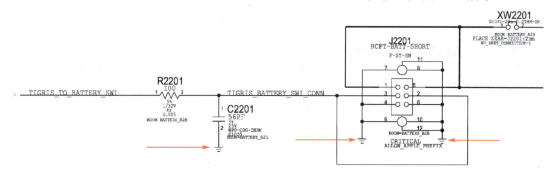

图 1-89　接地点

4．主电路功能描述

主电路功能描述主要描述本页面的功能，如图 1-90 所示。

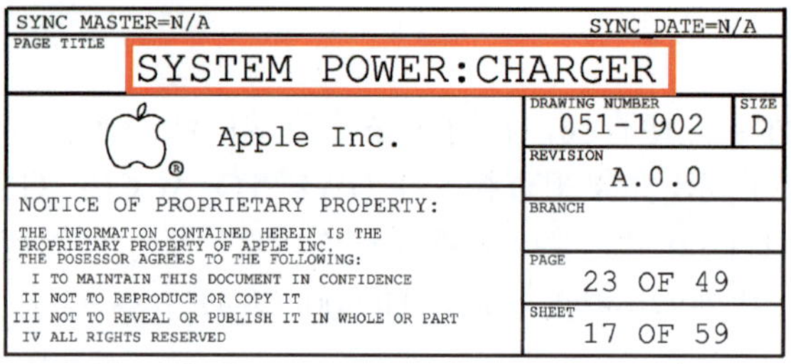

图 1-90　主电路功能描述举例

5．元器件编号

元器件编号即对每一个元器件进行编号。在原理图中，每一个元器件都有一个唯一的编号。这个编号由英文字母和数字共同组成。编号规则可以分成以下几类：

芯片类：以 U 为开头，如 U0700。

接口类：以 J 为开头，如 J3200。

三极管类：以 Q 为开头，如 Q2300。

二极管类：以 D 为开头，如 DZ3155。

晶振类：以 X 或 Y 为开头，如 Y2401。

电阻类：以 R 或 VR（压敏电阻）为开头，如 R4130、VR301。

电容类：以 C 为开头，如 C3232。

电感类：以 L 为开头，如 L2070（注：FL 为熔断电感，FB 为磁珠，维修中可以用电感或 0Ω 电阻替换）。

屏蔽罩：以 SH 为开头，如 SH0504。

还有一部分编号是主板上的测试点，以 TP 或 PP 开头，后面跟着数字，如 TP4301、PP5502。

如图 1-91 所示，CPU 的编号有一个小小的区别。由于 CPU 的功能非常强大，一个页码是画不完的，于是将 U0600 CPU 这个器件分为了 14 个部分，但是它们仍然是一个器件。仔细看图后会发现，只不过是因为每一部分处理的功能不一样，这样的处理方法使得看图人更加明白。相比之下，如果画在一张图上，势必线路就要缩小，有更多的交叉，造成走线不清晰。

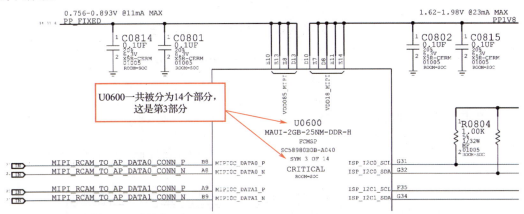

图 1-91　U0600 CPU 的编号

6. 空点

空点一般用 NC 或 X 表示，如图 1-92 所示。如果在维修过程中发现是空点的焊盘掉了，那么可以不用补焊，对维修没有影响。

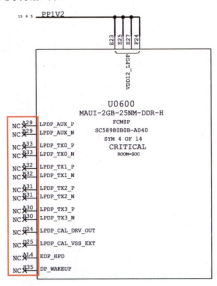

图 1-92　空点

7. 元器件不安装

在实物图中，有些元器件是可以不安装的，但会在该元器件的旁边注明"NOSTUFF"，如图 1-93 所示。这并不是为了省材料，而是有多种设计方案，厂家采取了其中一种而已。

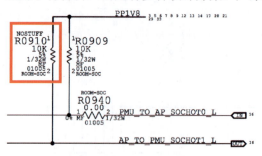

图 1-93　元器件不安装

1.3.5　元器件位置图简介

元器件位置图（简称位置图）可使用户快速找到相应元器件在主板上的正确位置，如图 1-94 所示。

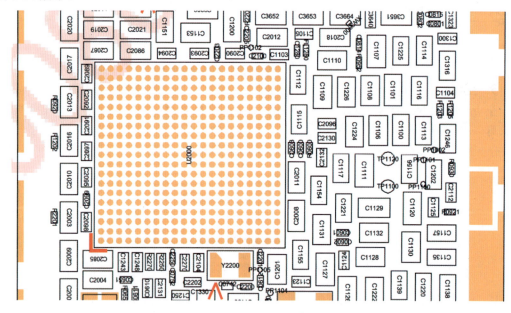

图 1-94　元器件位置图

1.3.6　元器件位置图的作用

元器件位置图主要用于查找元器件的编号，从而可以根据编号，通过原理图了解元器件的作用。下面以 iPhone 6S 主板为例，讲解如何了解图 1-95 方框中元器件的主要功能。

图 1-95 iPhone 6S 主板实物图（局部）

第 1 步 在元器件位置图上找到该元器件的编号。打开 iPhone 6S 的元器件位置图，根据该元器件所在位置找到该元器件的编号为 U3500，如图 1-96 所示。

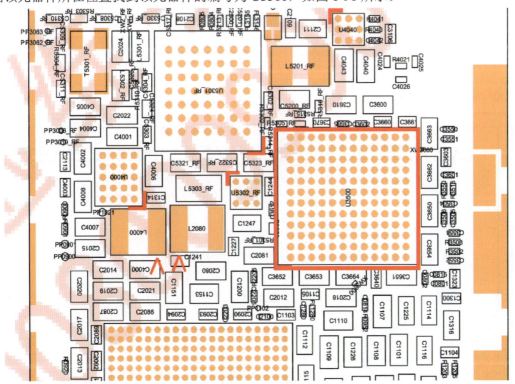

图 1-96 元器件位置图中的 U3500

第 2 步 打开原理图，根据元器件编号，找到该元器件的位置，如图 1-97 所示。

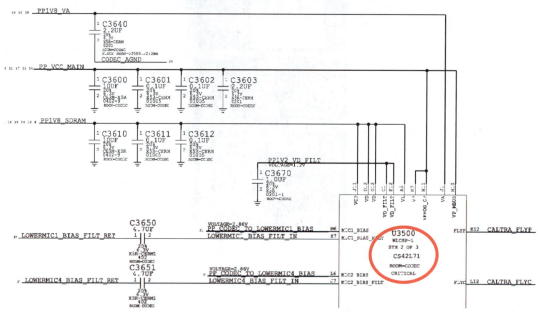

图 1-97 原理图中的 U3500

判别该元器件作用的方法有两种：

（1）根据该元器件周围线路标识判断，如图 1-98 中标有 AUDIO CODEC，可说明此芯片的作用是负责音频信号处理的。

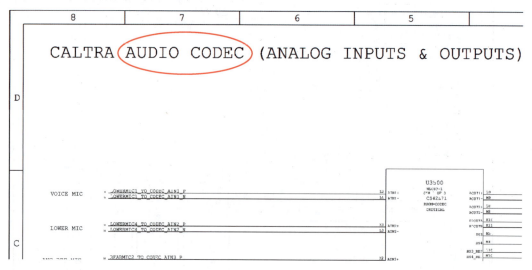

图 1-98 芯片的作用说明

（2）根据该元器件所在图纸右下角的说明判断，如图 1-99 所示。

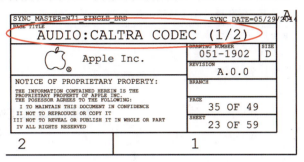

图 1-99　元器件所在图纸右下角的说明

1.3.7　点位图

点位图是一种可以直观地看到元器件连接关系的文件，单击某个元器件引脚后，与其相连的其他元器件引脚也会高亮显示。下面以"鑫智造智能终端设备维修查询系统"（以下简称"鑫智造"）为例，介绍点位图的使用。"鑫智造"系统除了支持点位图查询，还支持电路图、位置图、维修通病、维修思路等查询。

1. "鑫智造"的注册、安装和使用简介

第 1 步　扫描图 1-100 所示二维码，注册用户。中国大陆用户使用手机号注册，非中国大陆用户请按提示人工注册。

图 1-100　"鑫智造"注册二维码

第 2 步　在网站 http://www.wmdang.com 中下载软件并完成安装。
第 3 步　第一次打开"鑫智造"后，登录界面如图 1-101 所示。

图 1-101　"鑫智造"登录界面

第 4 步　登录成功后，进入软件主界面，如图 1-102 所示。

图 1-102　软件主界面

图 1-103 中，文件夹前面带"+"的，可以展开到下一层目录或文件；文件夹前面没有"+"的，是待上传资源。本系统中的大部分资源永久免费使用；文件夹带"VIP"的，需要拥有 VIP 权限才能打开。

图 1-103　目录界面

文件搜索功能，如图 1-104 所示，输入"iphone8"，回车或单击"搜索"按钮，开始查找。

第 5 步　开始使用。文件浏览界面如图 1-105 所示。在该界面中打开需要查阅的文件，先双击 PDF 文件，如果存在点位图文件，则软件会自动打开点位图（点位图也可以单独打开）。右边显示框包含点位图文件、PDF 文件，单击对应文件即可查看。最多允许同时打开 1 个点位图文件和 4 个 PDF 文件。

图 1-104　查找界面

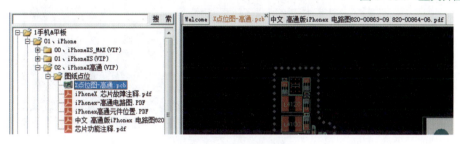

图 1-105　文件浏览界面

PDF 阅读页面如图 1-106 所示。按住键盘 Ctrl 键，同时滚动鼠标滚轮可以快速缩放 PDF 文件。

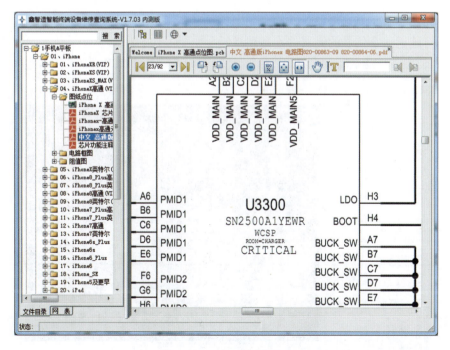

图 1-106　PDF 阅读界面

点位图模式界面如图 1-107 所示。

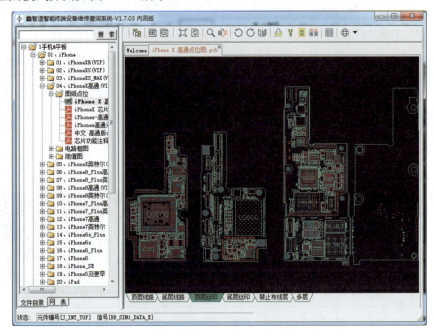

图 1-107　点位图模式界面

鼠标操作：按住左键或右键均可拖动点位图，使用滚轮可以缩放；单击元器件引脚后，同信号的元器件引脚会高亮显示，同时元器件也高亮标记；红色为信号或供电，当它被选中后，所有连通这个信号的元器件均高亮显示，如图 1-108 所示。

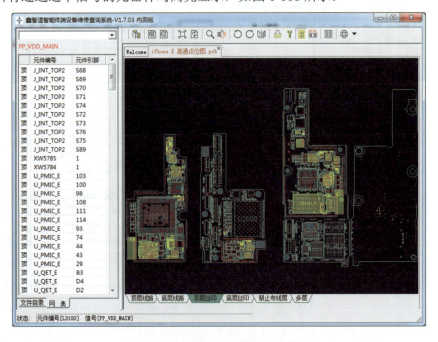

图 1-108　被选中的元器件高亮显示

注：灰色是接地，不可选中；深青是空脚，可选中，方便查看整板的哪些位置是空脚。

2．"鑫智造"提供的几个特色功能

（1）查找同参数元器件。

① 单击"查找代换元（器）件"按钮，使其处于被选中状态（单击后，按钮会变为绿色），如图1-109所示。

图1-109　查找代换元器件

② 如图1-110中红色箭头所示，单击需要代换的元器件时，可以代换的元器件会在点位图中用黄色蒙版标记出来。

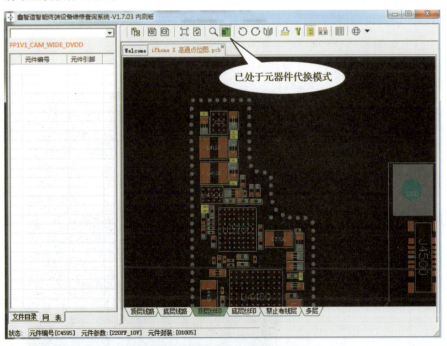

图1-110　可代换元器件显示界面

（2）水平镜像：方便测量BGA芯片是否损坏。如图1-111所示，当单击工具栏按钮 ，打开"水平/垂直镜像"功能后，把BGA芯片翻过来，可以对照测量相应的脚位二极体值，从而判断芯片是否损坏。

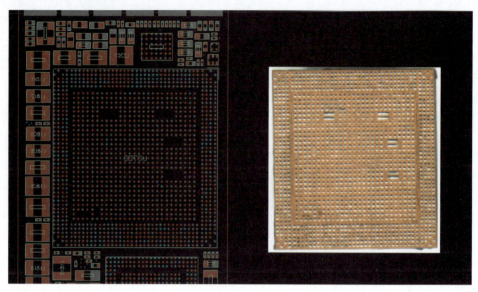

图 1-111 水平镜像

（3）阻值图开关：单击"阻值图开关"后可以切换显示为"阻值图模式"。未单击"阻值图开关"时默认为信号名称模式，此时显示元器件位置号和脚位信号名称。单击"阻值图开关"后，切换为阻值图模式，此时只显示脚位的二极体值，如图 1-112 所示。

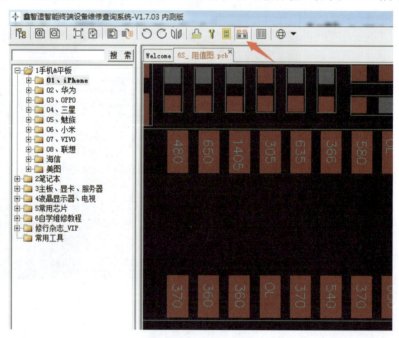

图 1-112 阻值图模式

(4)文件互通(点位图跳转 PDF、PDF 跳转点位图)。

① 点位图跳转 PDF:在点位图和原理图都打开的情况下,如图 1-113 所示,单击点位图中要查询的元器件引脚,再单击右键,可以查找原理图中的元器件或者信号,程序将自动跳转到 PDF 对应的位置(有些情况下,需要配合 PDF 中的"查找下一个"功能使用)。

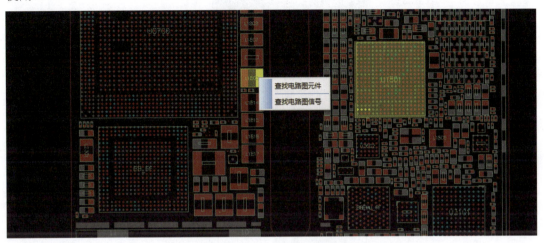

图 1-113　单击点位图后再单击右键

② PDF 跳转点位图:如图 1-114 所示,使用文本选择工具选择对应的元器件位置号或信号名称,将会自动弹出选项,单击相应的选项,即可自动跳转到点位图中对应的位置。

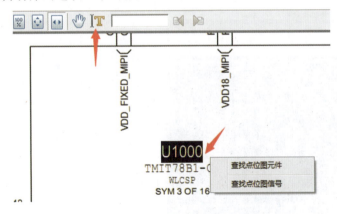

图 1-114　选择对应的元器件位置号

(5)双开功能:单击顶部"窗口双开"按钮即可开启,如图 1-115 所示。

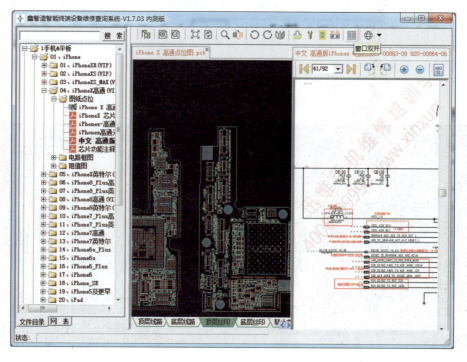

图 1-115 双开功能

（6）如图 1-116 所示，单击左上角的"目录"，可以关闭或打开目录和网表，用于增加显示范围。

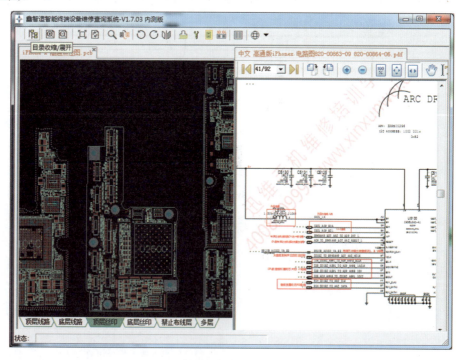

图 1-116 关闭目录

1.4 手机维修工具

1.4.1 可调电源

与计算机不同，手机上没有类似的诊断卡专用接口，所以不能直观地判断手机故障出现在什么位置。专业的维修人员都是通过可调直流稳压电源（简称可调电源）给手机主板供电，观察可调电源上显示的电流变化来判断主板的故障的。手机主板上最常见的短路故障也可以通过电流的大小非常直观地进行判断。早期的手机维修用可调电源如图 1-117 所示，一般为 15V/2A 的指针式可调电源。

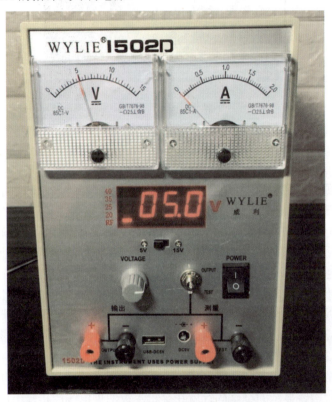

图 1-117　15V/2A 指针式可调电源

近几年来，由于手机的性能越来越强大，工作电流也越来越大，1A 或 2A 的电流已经不能满手机工作的需要了，所以维修新款的手机至少需要 3A 的电源。判断手机是否短路时，需要烧机，可能需要 5A 的电源。部分新款电源还有编程功能，可以预存几组不同的电源和电流设置，满足不同的维修要求，比如给手机充电时使用 5V 的输出，维修主板时使用 4.2V 的输出，等等。老式的维修电源需要重新调节输出参数，而新款的可编程电源直接按电源上预置好的输出模式就可以非常便利地调节不同的工作模式。可编程的 30V/5A 可调电源如图 1-118 所示。

图 1-118　可编程的 30V/5A 可调电源

对于可调电源,很多初学者可能还有一个疑问,到底指针显示和数字显示的电源哪一种更适合用于维修手机呢?

实际上,指针显示和数字显示的电源各有各的优缺点。指针显示电源的优点是反应非常灵敏,没有滞后感,任何一点点数值的变化都可以从指针的摆动幅度上非常直观地看出来,但指针显示电源没办法精确地读出数值,在手机中经常会出现的 100mA 或更小的精确电流值很难通过指针显示电源读出。在这一点上,数字显示电源做得就很好。现在一般常见的数字表头可以精确到 mA 级别,也就是可以显示小数点后 3 位,在判断故障时,可以精确地读取到相应的数值。例如,经常遇到的主板轻微漏电的故障现象,一般电流只有 10mA 左右,如果使用 3A 的指针显示电源就很难判断是否漏电。总体上来说,两种电源各有各的用途,很难非常准确地说哪一个好,哪一个不好。不过新出产的电源基本都是数字显示的了,有一些喜欢指针显示的维修同行就在手机主板的供电线的正极上串接了一个指针表头,这样就又可以有数字的准确度,又有指针的灵敏性了。

我个人是比较喜欢购买二手的进口电源,如固纬、安捷伦、菊水、高砂、德士等。这些电源一般都是工厂或高校以及科研机构淘汰的,用料扎实、精度非常高,更重要的是质量非常好,再用十年左右都不会出问题。国产品牌的电源中,艾德克斯和大华的也比较不错,但是新品的性价比太低,所以我还是建议选购二手电源。不过二手仪器市场比较复杂,在选购时要多多进行比较和调查。

1.4.2　烙铁

烙铁是电子产品维修中的必备工具。一般人在选择烙铁时,会感觉很迷茫,淘宝上从几十元到几千元的烙铁都有,不就是用于焊接吗?为什么会有这么多的品种和巨大的价格差异呢？还是听笔者一一道来吧。

一般人对于烙铁的认识可能就是市面上存量巨大的白光 936 烙铁（见图 1-119）或是国内山寨的各种 936 烙铁了。对于普通的电子产品维修，936 烙铁是完全够用的，其技术已经非常成熟，而且更重要的是主机与耗材都非常便宜。一台烙铁不到 100 元就可以买到，一个烙铁头的价格也只有几元而已。

图 1-119　白光 936 烙铁

但用于手机维修时，936 烙铁就有点力不从心了。手机的主板都已经采用了无铅的制作工艺，主板上焊锡的熔点从 183℃ 提升到了 217℃。这 34℃ 的提升对于 936 烙铁来说就是一个致命的打击。相信很多用 936 烙铁的朋友都遇到过在处理大面积焊盘时拖不动焊锡或掉焊点的情况，这就是 936 烙铁对于无铅工艺无能为力的体现。有些朋友可能会说，350℃ 拖不动焊锡，那开到 400℃ 还不行吗？听上去很有道理，温度一下子提高了 50℃，应该所向披靡了吧？但事实很残酷，不要说 400℃，就是开到 420℃ 还是一样不行，而且烙铁头也会损坏得极快。

这又是为什么呢？其实了解了烙铁的工作原理后也就不难理解了。烙铁其实是依靠发热电路向烙铁头提供热能的，使烙铁头的温度达到焊锡的熔点。但这个过程只是让烙铁头接触到的焊锡熔化，而且烙铁头上的热能会被焊锡和 PCB 传导出去，造成烙铁头温度迅速降低。如果想要行云流水一般地焊接，烙铁的发热电路就要连续不断地向烙铁头提供热能，这就要求烙铁的功率要足够大。普通 936 烙铁的功率只有 60W，就像一台小马力的汽车想在上坡的公路超车一样，就算把油门踩到底，车还是跑不快。这一切都是功率的原因。

那么是不是单纯地加大功率就能满足要求了呢？答案是否定的，一台烙铁是否好用有很多原因，简单归纳如下。

① 要有足够的功率。这要通过加大变压器和烙铁的电路设计来实现。这种情况比较复杂，脱离了维修人员的技术能力范围，所以在此不详细描述了。

② 发热体和烙铁头的热传导损耗。其实这点被很多人忽视。普通的 936 烙铁采用分体技术，烙铁头是套在发热芯上使用的，热能是通过烙铁头与发热芯的直接接触来传导的，但由于烙铁头与发热芯之间并不是完全紧密接触，热能通过空气传输的效率要大大低于通

过金属传输的效率,所以 936 烙铁的热效能是比较低的。有一些动手能力强的维修人员会选择在烙铁头中注入导热硅脂或锡浆来让发热芯与烙铁头充分接触。目前最理想的方式是发热芯和烙铁头的一体化设计,如 JBC、奥科、GOOT、白光 T12 等烙铁都是采用的这种设计方式,可以最大限度地保证烙铁头热能的传输。

③ 烙铁头温度的检测。每一把恒温烙铁都有温度检测电路。举例来说,一台烙铁的温度设置为 350℃,温度检测电路会按照一定的频率对烙铁头上的温度进行检测,如果发现烙铁头的温度低于 350℃,就向烙铁的控制电路发出一个信号。烙铁的控制电路接到这个信号后,就会驱动发热电路工作,让烙铁头的温度达到设定的 350℃。理论上来说,温度检测的频率越高,烙铁头的温度越稳定。另外,温度检测的位置也很重要,越靠近烙铁头的头部位置,也就是沾焊锡的工作位置,烙铁的恒温性能也就越好。

④ 人性化的设计。很多人会说,一个品牌的烙铁用起来很顺手,这个所谓顺手就是人性化设计,如烙铁手柄握持部分是否舒适,长时间使用会不会感觉累,烙铁架放入和取出烙铁的角度是否合适,烙铁手柄线是否柔软耐热,更换烙铁头是否快捷,烙铁头是否有休眠功能,等等。人性化的设计会让人在使用工具时有一种愉悦的感觉。焊接本身就是一项枯燥和重复性高的工作,如果工具的人性化程度低,会让人感觉非常累。但很遗憾的是,人性化设计做得好的烙铁品牌基本上都是国外品牌的高端型号,目前国内勉强做得可以的也就是快克一家。

说了一大堆的话,笔者还是根据自己使用烙铁的感受来推荐几个型号吧。

1. 入门级的选择

笔者推荐快克 203H、GOOT 802AS 和 DIY 的白光 T12。

快克 203H(见图 1-120)放在第一位是因为其功率为 90W,而且采用了高频的发热技术,普通的焊接应用还是能够满足的,更重要的是快克 203H 的烙铁头价格很低,并且容易买到。但需要注意的是,快克 203H 的烙铁头也有不同品质的区别,即便是快克原装的也有高低价格的区别,而且在笔者的使用中,高价的确实在耐用程度上要优于低价的。

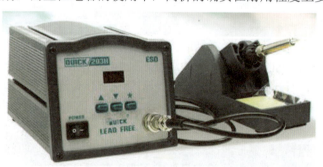

图 1-120　快克 203H

GOOT 802AS(见图 1-121)存量并不多,新品大概是 1300 元左右。烙铁头的价格并不便宜,在 100 元左右。推荐的原因是因为市面上有大量的日企流出的二手 820AS 烙铁出售,在几年之前非常便宜。由于性价比非常高,被大量老手买来做主力烙铁,所以现在价格涨了上来,不过一整套也就在 600 元左右。该烙铁升温非常迅速,回温性能非常好;手柄小巧舒适，烙铁头可以设定闲置几分钟后自动休眠温度低到 150℃左右，有效地提升了烙铁头的使用寿命，想要工作时把烙铁头沾一下湿水的海绵就可以迅速地唤醒烙铁。

图1-121　GOOT 802AS

淘宝上有非常多的 DIY 的白光 T12（见图 1-122），流行的原因是因为 T12 的烙铁头比较多，另外也是因为白光巨大的品牌号召力吧。DIY 的白光烙铁比较小巧携带方便，很多需要到现场进行维修的工程师都会选择其作为随身的工具。T12 的烙铁头现在假货太多，而原装的烙铁头价格又高，又不容易购买到，可以说这种烙铁的性能完全是由烙铁头来决定的。如果能买到价格合适的原装烙铁头，DIY 的白光 T12 是性价比很高的选择。

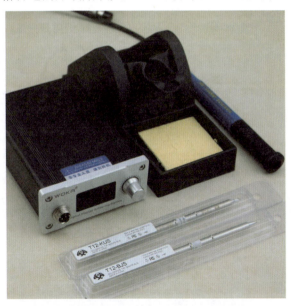

图1-122　T12

2. 专业的选择

对于比较专业和要求使用感受的，笔者推荐快克 TS1200A 和 JBC 的烙铁。

TS1200A（见图 1-123）是快克最新的产品，120W 的功率加上一体化的发热芯，可以存储 3 个工作温度，适合不同的操作需要。升温速度也比较理想，从室温升到 350℃只需 10s 左右。回温性能也比较不错。耗材相对于进口品牌来说也算平易近人。推荐要求高而又预算有限的朋友使用 TS1200A。

图 1-123　快克 TS1200A

无论是性能还是价格上，JBC 烙铁可以说是目前民用烙铁的王者了。JBC 采用了独有的发热技术使升温速度非常快，开机 6s 左右温度就可以达到 350℃，把烙铁手柄插入休眠架后马上就休眠，把烙铁手柄取出后几乎不需要等待就可以开始焊接。手柄也非常小巧舒适，长时间工作一点都不感觉累。除了价格以外几乎找不到不使用 JBC 的理由。另外 JBC 还提供了 2 工位、4 工位等不同的机型供用户选择，还有各种各样的烙铁头供用户选择。JBC 烙铁如图 1-124 所示。

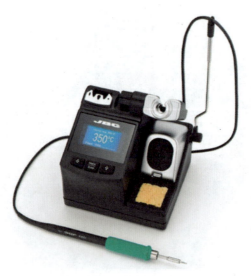

图 1-124　JBC 烙铁

需要注意的是，JBC 烙铁不仅仅主机价格高，其耗材也非常高。以修手机常用的 210-018 的小刀头来说，零售价格约为 220 元一根。而且由于 JBC 烙铁变态般的回温速度设计，烙铁头的表面镀层又比较薄，如果使用不当，损耗就非常之快，所以在使用 JBC 烙铁时一定要注意烙铁头的保养。一般小刀头的温度不要超过 350℃。如果是飞线用的尖头,温度到 320～330℃就可以了。每次用完烙铁后都要把烙铁头部上锡之后再插回休眠架,而且不要用烙铁头来烫塑料等物品。

另外还有奥科烙铁,发热速度快回温性能好,烙铁头也非常耐用。奥科烙铁致命的缺点是温度不能调节,要想实现温度的变化只能通过更换烙铁头来实现,这对于手机维修行业的需求来说并不适用。另外,奥科的烙铁头种类也不够多,对于在显微镜下飞线所需要的极尖烙铁头,奥科也没有合适的选择,所以奥科并不在推荐范围之内。奥科可能更适用于非精密电路板的维修。

另外市面还有一些类似于 JBC 的焊台,外观和 JBC 差不多,耗材也比较便宜,但无一例外的是耗材只有 245 的型号,而且回温性能与 JBC 相比还是存在一定的差距。

以现在国内的技术能力,还没有办法做出维修手机常用的 210 的烙铁头。烙铁头看似很简单,实际上还是有比较高的技术含量的。

总结:一把适合手机维修的烙铁最重要的是升温程度要快,回温性能要好,要有足够精密的烙铁头供选择。其中,回温性能是最重要的指标。有些淘宝网上卖的烙铁为了展示其有多强大,选择把烙铁放在水杯中烧开一杯水来证明性能有多好。在笔者看来,这个测试并没有什么实际的意义,水的沸点是 100℃,而无铅焊锡的熔点是 217℃,能把水烧开并不等于能流畅地焊接。笔者心目中对于烙铁的测试应该是在一块铜板上放上适量的焊锡,然后在铜板上能够流畅自如地拖焊锡,这才是对于一把烙铁回温性能最好的测试。

1.4.3 风枪

手机主板维修中另一个不可缺少的设备就是风枪了。大多数人对于风枪的认识可能还停留在白光 850 风枪(见图 1-125)的时代。850 风枪可以说是一代神器了,每个做电路板维修的人基本都拥有或曾经拥有过一台白光 850 风枪或是国产的其他各种品牌 850 风枪。

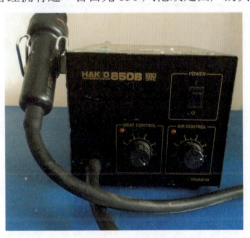

图 1-125　白光 850 风枪

850 风枪用来维修计算机主板非常好用,吹场效应管和 IC 都没有任何问题。但用于修手机就有点不适合了。因为手机主板上的元器件都比较小,不耐高温,而且塑料接口件也比较多，所以850风枪不合适用于修手机，后来，修手机就开始使用858风枪。与气泵出风的850风枪不同，858风枪采用风机出风，风力更为柔和，用来更换主板上的元器件和接口件的成功率也高了很多。但随着手机主板无铅生产工艺的来临，传统的手机维修风枪遇到了和烙铁同样的问题，就是对于无铅主板的拆焊心有余而力不足。

针对无铅主板维修的需要，工具厂家生产出了更大功率和更多功能的风枪，最有代表性的就是快克的大功率风枪系列。其实说起来快克在风枪上的成就，这还要多亏一家台湾的TPK风枪品牌。早期快克是给TPK做代工，积累了大量的经验后，才有了快克现在销量最大的856AD、861DW等型号的风枪。

新手在维修群里经常会听到直风和旋风这两个名词，其实笔者认为直风和旋风并没有很大的区别，基本工作原理都差不多。旋风风枪一般是在出风口的位置有一个类似于叶轮的设计来把出来的热风打散。直风风枪出风的风压大，受热面积比较集中，所以多数用来拆卸小IC。旋风风枪的风压小，受热面积大，可以均匀地作用于BGA元件的表面，有助于BGA元件的焊接，而且热量比较分散，对于BGA元件的保护性更好一些。

目前在手机维修行业里，比较标准的配置就是一台直风风枪+一台旋风风枪，这样可以适应不同的维修需要。

1. 直风风枪

直风风枪推荐两个选择，预算多的可以选择快克861DW（见图1-126），预算少的可以选择快克957DW（见图1-127）。861DW的功率是1000W。957DW的功率是400W。861DW的功率要高于957DW，所以处理无铅焊接也更为得心应手。

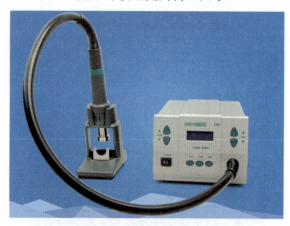

图1-126 快克861DW风枪

861DW有一个比较实用的功能是可以存储3组温度和风量的设置，可以在吹焊、植锡、除胶等不同的应用时选择相应的设置，直接按一下对应的按钮就可以自由地切换设置；而957DW只能重新调整温度和风速，比较影响工作的效率。另外957DW的一个小缺点是风枪手柄的休眠座的卡子设计得比较短，风枪手柄放上去很容易掉下来；而861DW使用的是立式的风枪座，风枪座比较重，卡扣也设计得合理。

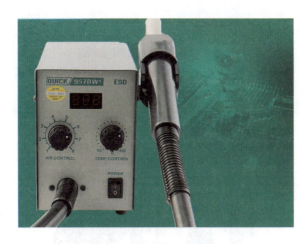

图 1-127　快克 957DW

对于如何选择 861DW 和 957DW，笔者的看法是如果预算够就直接一步到位购买 861DW，无论是功能还是性能都不会让你失望。市场上还有一些外观和 861DW 差不多的风枪，价格相对要便宜一些，但品质却有很大的差异，无论是外观模具，还是内在的风机都与 861DW 不在一个档次，所以不建议买那些仿品。

2．旋风风枪

对于旋风风枪，一般选用快克的 2008 风枪（见图 1-128）或是普通的 868D 风枪（见图 1-129）。说起来 2008 风枪是个挺有意思的产品。2008 风枪刚刚推向市场时，由于外形美观而且有 3 组温度和风量存储，很受欢迎，销量非常不错。但是 2008 风枪到手以后，用户却发现 2008 风枪一点也不好用！开到最大风速也还很难将 CPU 拆焊下来，吹时间长了 CPU 就直接损坏了。其实这是因为老款 2008 风枪的一个设计缺陷，其风机功率低、转速低、风量小，不适合手机维修的需求。后来有人发现通过更换大功率的风机可以有效提高 2008 风枪的效能，也就又掀起了一波改造 2008 风枪的热潮。后期快克厂家也发现了这个问题，所以 2008 风枪的升级版直接内置了大功率的风机。

图 1-128　快克 2008 风枪

868D 风枪其实就是一个廉价的选择，风机和升级后的 2008 风枪一致，风量也符合手机维修的要求，但是没有存储温度和风量设置的功能，只能手动调节，所以使用起来不是很方便。868D 风枪的价格只是 2008 风枪的一半，对于刚刚从业的新手来说也是不错的选择。

图 1-129　868D 风枪

再说一个大家都感兴趣的话题，那就是风枪的温度。经常有人在论坛上或微信上问某个维修操作的温度是多少，其实这个温度是一个伪命题，因为不同的风枪、不同的风嘴、不同的使用习惯、不同的环境都会影响实际温度。举个例子来说，在焊接过程中如果风嘴离芯片表面比较近，那么芯片处的温度就会比较高；而风嘴离芯片表面比较远，那么芯片处的温度就会较低一些。因此如果要谈论温度，那么首先是要同型号的风枪，而且风嘴大小要一致，还有风嘴离芯片表面的距离也要一致，这样操作的温度数值才有参考意义，否则只会误导新手。老手使用风枪找的是感觉，基本一台风枪拿起以后，对着一张白纸吹一下，就基本能知道这台风枪在维修时应该开到多少度。新手只能通过学习别人的设置才能去操作。

1.4.4　万用表

万用表是维修中必备的量测设备，常用于量测电压、电阻、二极体值。其实手机维修对于万用表的精度要求并不高，大多数的数值可以精确到小数点后 2 位就可以了。对于手机维修来说，万用表一个重要的性能指标是反应速度要快，并且要有通断的提示音，因为很多时候需要用万用表的二极管挡来量测手机主板上各个测试点的二极体值，在连续量测几十个测试点时，量测一个点，看一眼万用表的数值是比较浪费时间的。很多老手可以通过听万用表二极管挡的提示音就能判断出来短路和开路，节省很多的时间。

对于万用表，笔者认为首选就是 FLUKE 万用表。选择 FLUKE 万用表并不是因为 FLUKE 万用表的精度有多高，而是因为 FLUKE 万用表的大多数机型都满足手机维修的需求，而且 FLUKE 万用表的挡位转盘特别耐用。国产的万用表一般使用一段时间之后都会有挡位不准或是乱跳的通病，这是由于国产万用表 PCB 上的铜箔太薄或没有镀金造成的，高频率的换挡会造成铜箔的磨损。万用表表盘铜箔如图 1-130 所示。

图 1-130　万用表表盘铜箔

对于 FLUKE 万用表，首推的型号就是 187 或 189，原因有如下几点。

① 187 使用 4 节 5 号电池供电，可以用充电电池，并比较省电。

② 187 做工扎实，非常耐用，除了表笔座容易虚焊以外几乎找不到其他缺点了。

③ 187 的二极管挡反应速度非常快，而且通断状态有不同的提示声音，基本上通过听声音就可以判断量线路的状态。

④ 187 的二极管挡在测得数值为 800 以下都可以发出声音，这样就可非常方便地对线路进行测量了。

⑤ 187 的显示字体清晰而且比较大，看起来一点都不累。

FLUKE 有几款入门级的万用表，如 15B 和 17B，笔者个人是不建议购买的。笔者认为这两款表根本没有 FLUKE 万用表应该有的特点，除了比较耐用以外，与国产万用表没有什么区别，甚至还不如国产万用表。在 FLUKE 万用表的产品线中，18X、28X、7X、8X、11X、17X 这些万用表是值得选购的。FLUKE 287C 如图 1-131 所示。

图 1-131 FLUKE 287C

国产万用表目前比较知名的品牌有优利德和胜利。如果是入门级别的维修，预算有限的情况下可以采购优利德的 UT61E，对于手机维修来说已经完全能够满足需要了，但不要与 FLUKE187 这样的顶级表去对比。优利德 UT61E 万用表如图 1-132 所示。

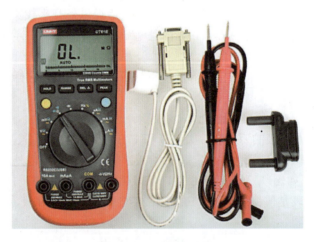

图 1-132 优利德 UT61E

1.4.5 显微镜

手机主板面积比较小、精细度非常高，进行一些精密的操作时，人眼是根本看不清的，普通的放大镜也显得无能为力。这种情况下就要用专用的光学仪器——显微镜（见图1-133）了。显微镜由目镜和物镜两部分来组成，其光学结构比较复杂，属于专用的精密仪器，以前都是用于医学化验、分析等非常专业的领域，近年来由于电路板微型化的趋势，显微镜也成为了手机维修的必备工具之一。

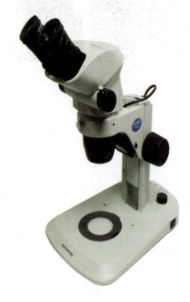

图1-133　显微镜

日本和德国在显微镜技术领域遥遥领先，比较知名的品牌有奥林巴斯、尼康、徕卡、蔡司等。国内做得比较好的品牌有舜宇和凤凰，其他品牌的产品在使用体验和光学性能上还是差一大截的。

那么什么样的显微镜适合手机维修呢？列举如下几点，如果都能满足是最好。

① 连续变倍的体视显微镜。相信大家在上中学生物课的时候使用显微镜看过标本，那种生物显微镜是需要靠拨动物镜来实现放大倍数（X）的切换的，放大的倍数只能在固定的几个倍数上切换。固定倍数的显微镜用来观察标本还可以，但用来做维修并不适合。维修对于放大倍数的要求并不高，但要求可以随意调整放大倍数，即能够实现连续变倍。至于体视显微镜，这个名词可能过于专业一些，用直白一些的话说，体视显微镜通过特殊的光学结构让观察者观察到的图像具有立体感，和我们用肉眼观察到的感觉没有区别。立体感的图像看起来更舒服、更真实。

② 目镜和物镜的选择。物镜是固定的倍数，可调范围一般在0.65X～4.5X，而目镜是可以自由更换的，一般维修都是采用10X的。如果专门用于维修指纹模块和飞线，可能需要20X的目镜。放大倍数这个参数一般人都比较了解，但目镜还有两个参数——视野大小和高视点，这一般人就不太关注了。视野指显微镜所能观察到的图像的大小，越大的视野看到的东西越多，自然也就方便维修。高视点指在使用显微镜时不用眼睛紧贴着目镜。因长时间贴着目镜观察比较容易让人感觉疲劳，另外也方便戴眼镜的人使用。图1-134中的10X/23就是指10倍23mm视野，那个眼镜的图标就代表高视点。

图 1-134　目镜

③ 光路要通透无眩晕感，观察的时候立体感要强。这样在观察时才能有近似于肉眼直视的感觉，使得焊接和飞线的操作更容易。这就是光学性能的体现，总体上来说进口的品牌要优于国产的品牌。

④ 根据维修的需要搭配适当的增距镜。因为需要在显微镜下做焊接的操作，所以我们经常要一边在显微镜中观察，一边使用烙铁或风枪来对主板进行焊接，有时就会遇到烙铁手柄碰到物镜的情况，这个时就要在物镜上安装一个增距镜。这个增距镜实际上是起到减小放大倍数的功能，安装上增距镜以后会把焦距拉长，如果想看清物体就要把显微镜的物镜调高，这也就达到了我们增高操作高度的需求。

⑤ 使用适当的显微镜光源。普通显微镜的光源是使用 LED 来实现的，但 LED 光源发出的光色温比较高，长时间观察会感觉到刺眼，眼睛容易疲劳。如果长时间使用显微镜，一般都会建议使用卤素光源，也就是我们日常看到的白炽灯一类，这种光源色温比较低，光线柔和，近似于日光的感觉，对眼睛的刺激较小。但卤素灯工作起来会产生比较大的热量，可能会对被观测物产生影响，所以专业的显微镜光源是通过一根光纤把卤素光传导到显微镜的物镜上。

⑥ 因为维修工作台的面积有限，显微镜的架子最好采用摇臂式。需要使用显微镜的时候就把显微镜移过来，不需要使用的时候就把显微镜移到一边去。摇臂式显微镜如图 1-135 所示。

图 1-135　摇臂式显微镜

⑦ 三目和两目的区别。所谓三目就是有三个目镜，其中一个目镜可以插入电子显微镜头，用来把显微镜显示出来的图像投射到显示器上或是录制下来，这样可方便维修讲解或记录。但需要注意的是，低端的显微镜都是假三目，也就是说第三个目镜是与一个目镜共用一个光学通道，当使用三目的功能来投射影像的时候，只能通过一个目镜来进行观察，非常不方便。真三目显微镜是有单独的一个光学通道，电子显微镜投射影像的时候并不影响显微镜的正常使用。进口品牌的真三目显微镜比较昂贵。国内品牌的真三目显微镜性价比较高，大部分都是标配真三目。

手机维修常用的显微镜，进口品牌推荐奥林巴斯的SZ61。SZ61的光学性能非常不错，而且二手的价格也不是很贵，成色一般的在1500元左右，如果成色好一些的可能要2000元左右。国产的舜宇和凤凰，光学性能好的新机与SZ61相比价格也没有什么优势，所以还不如选择二手的SZ61，更为重要的是奥林巴斯的显微镜非常保值，基本上是多少钱买来的，用几年以后还能以差不多的价格卖掉。如果预算有限也可以选择奥林巴斯的SZ51，用于手机维修也是不错的选择。对于刚刚入门的新手来说，先买一个国产的普通品牌显微镜也是一个不错的选择，从价格上来说还可以接受，只是使用体验没有进口的好。如果没有做过对比是没法感觉到的，但如果用惯了国产的再用进口的，一眼看上去就会有一个非常通透的感觉，这种光学性能上的差距是比较明显的。

1.4.6 拆机工具

关于拆机工具，本节只讲一讲螺丝刀。可能大多数人会说螺丝刀有什么好讲的，无非就是一字、十字、六角、梅花每个型号备一把就行了，但实际并不是这样。

① 如果是做专业的维修，非常不建议使用组合式的螺丝刀。组合式的螺丝刀看起来可以换用各种各样的螺丝刀头（常称为批头，尤其是对于电动螺丝刀头，更习惯称为批头），非常方便，但实际上是工作效率最低的。试想一下，在拆一台iPhone的时候，拆外壳的时候先要用梅花批头，拆排线的时候又要换成十字批头，拆主板的时候又要换成专用的中框批头，这样找批头又换来换去的过程其实是非常麻烦的。专业做维修的都是各种型号的螺丝刀都单独配一把，拆什么螺丝就用什么螺丝刀，拆完就换另一把，省去找批头和装批头的时间，效率非常高。

② 非专业维修时，可以使用能自由更换批头的螺丝刀（见图1-136），比较方便。

图1-136　能自由更换批头的螺丝刀

③ 选择螺丝刀的时候，要注意螺丝刀的轴承的顺滑程度和耐用性。大多数人使用螺丝刀的时候都是螺丝刀的轴承部分顶在手心，用食指和拇指转动刀柄，如果螺丝刀的轴承质量不好，就会感觉非常不顺手。目前市场上的螺丝刀良莠不齐，品控也比较差，一起买几把同样的螺丝刀，有的轴承就转动很流畅，有的就很滞。基本上没有几个螺丝刀厂家会使用进口的轴承。

④ 在使用螺丝刀的时候，经常会有人说打坏螺丝或是批头磨损。其实现在质量差不多的螺丝刀都是采用 S2 材质了，只要不是不锈钢的螺丝，就根本不会有批头磨损的可能，这种情况其实是选择了不正确的批头造成的。很多人都是一把螺丝刀吃遍天下，但实际上螺丝有很多种型号，有的螺丝的十字槽比较浅，有的十字槽比较深，要根据不同的螺丝选择适合的批头，那么什么样是合适呢？就是螺丝刀的刀口部分和螺丝的十字部分完全咬合，以不露出来为最好。这样可以保证螺丝完全受力，螺丝就非常容易被旋下来。因为大部分螺丝的硬度都不如螺丝刀的硬度，如果咬合不好，就会发生批头把螺丝打花的现象。螺丝的十字槽被打花后，螺丝就旋不下来了。淘宝上有富士康专用的螺丝刀，就是使用精雕机来雕刻的批头，按 iPhone 螺丝的规格 1:1 制作出来的，可以保证完全咬合螺丝。

⑤ 要注意拧螺丝时的扭力。其实根据 iPhone 装配的规范，不同的螺丝都要使用不同力矩的螺丝刀来拧。苹果公司售后使用的 Wera 扭力螺丝刀如图 1-137 所示，一旦超过设定的力矩，螺丝刀就会空转，保证不会因为力度过大而损伤主板。Wera 扭力螺丝刀价格非常贵，对于维修来说投资过高，如果不是发烧就不建议购买了。我们在这里也只是了解一下，增长一些见识罢了。

图 1-137　Wera 扭力螺丝刀

1.4.7　镊子

把镊子（见图 1-138）单独作为一节来写，是因为镊子在维修中使用的频率非常高，拆焊、测试、装机都需要用到镊子。手机维修对镊子的要求是硬度要高，头部要尖，耐腐蚀而且无磁性。市面上大多数的镊子都达不到这几项要求。笔者所见到的最好的镊子就是瑞士皇冠牌的，一般用于修高档手表。皇冠镊子的价格非常高，正品应该是在 180 元左右，这超出了大部分手机维修人员的心理价位。目前市场上的镊子，笔者用到的比较不错的就是中国台湾玺力镊子。一把玺力镊子大概是 20 元左右，相比 10 元左右的镊子其硬度和尖度都高出来很多，而且能明显地感觉材质不同，所以推荐购买。

其实再好的镊子也要注意使用的方法。很多人用完镊子后就随手一扔，一不注意镊子就掉到地上，如果是地板还好，要是瓷砖地面的话，镊子基本就报废了；还有的用镊子来撬手机外壳，短接电路。这些都是对镊子损伤很大的坏习惯。

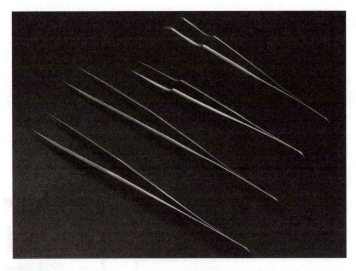

图 1-138　镊子

1.5　iPhone 刷机工具的使用

在正常使用 iPhone 过程中，可能会碰到一些系统故障，如开机黑屏没反应、在苹果图标界面反复重启、卡在苹果图标界面进入不了系统、手机 OTA 升级失败、无法打开 App 应用、手机部分功能失效。出现以上这些情况时，我们就要对 iPhone 进行刷机操作，排除系统故障。

1.5.1　刷机的注意事项

① 刷机存在风险，刷机后可能出现不能开机或者不能激活等现象。
② 刷机会清空设备内所有个人数据，请提前备份个人数据。
③ 刷机前请确保电池电量在 30% 以上，低电量会造成刷机失败。
④ 刷机时请使用原装数据线或者 MFI 认证的数据线，确保数据线连接良好。
⑤ 使用台式电脑刷机时，数据线要插在电脑后置 USB 接口。
⑥ 刷机时请确保电脑运行正常，勿重启、断电等。
⑦ 刷机过程中请勿移动手机，以免数据线松动致使刷机中断。

1.5.2　下载刷机常用软件

常用的 iPhone 刷机软件有两种。
第一种是苹果官方的 iTunes。
下载链接：https://www.apple.com/cn/itunes/download
注意：需要依据电脑的操作系统下载 64 位或者 32 位软件。
第二种是国内开发的爱思助手。
下载地址：https://www.i4.cn
注意：使用爱思助手时必须先安装 iTunes，单独安装爱思助手是无法刷机的。

1.5.3 备份用户资料

在刷机之前，如果故障机是可以进入系统的，我们要先对手机进行资料备份操作。

1. 使用 iTunes 备份资料

① 首先在电脑上打开 iTunes 软件，手机开机，解锁后进入桌面，再用数据线连接电脑。

② iTunes 会弹出对话框，如图 1-139 所示，单击"继续"按钮允许电脑访问你的设备。

图 1-139　iTunes 弹出对话框

③ 在手机上会弹出对话框，询问"要信任此电脑吗"，如图 1-140 所示，点击"信任"并输入手机的系统密码。

图 1-140　信任电脑

④ 这时候会弹出一个适用你设备的最新版本 iOS 系统下载框，先不要下载，单击"取消"按钮，如图 1-141 所示。

图 1-141　下载界面截图

⑤ 单击 iTunes 软件界面左上角设备图标，如图 1-142 所示。

图 1-142　单击设备图标

⑥ 选择备份到"本电脑"，然后单击"立即备份"按钮，如图 1-143 所示。

⑦ 备份的时间长短，取决于设备内部的数据量，最长可能会有几个小时，需要耐心等待进度条走完。

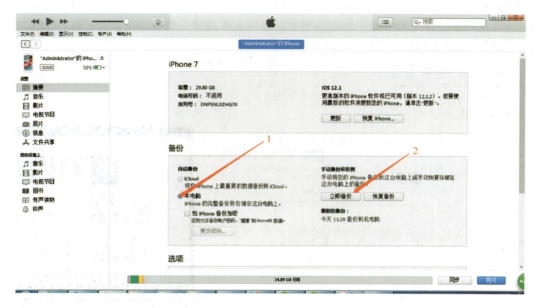

图 1-143 选择备份方式

注意：要确保电脑的磁盘空间足够，磁盘空间不足时会造成备份失败。

⑧ 备份完成后 iTunes 界面右下角会显示最新备份时间，如图 1-144 所示。

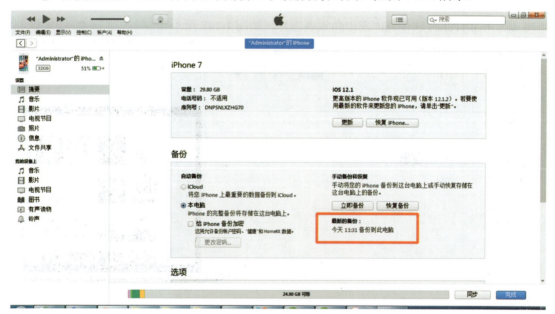

图 1-144 备份完成

2．使用爱思助手备份资料

① 手机开机进入系统，通过数据线连接到电脑。

② 打开电脑端爱思助手，电脑上会提示手机是否信任此电脑，单击"信任"按钮如图 1-145 所示。

图 1-145　信任电脑

③ 在手机上单击"信任"并输入系统密码。
④ 单击电脑端爱思助手主界面中"备份/恢复数据"按钮，如图 1-146 所示。

图 1-146　选择备份选项

71

⑤ 选择"全备份设备"图标，如图 1-147 所示。

图 1-147　选择备份类型

⑥ 如图 1-148 所示，设置电脑上存储备份数据的路径，完毕后单击"立即备份"按钮。

图 1-148　设置备份文件存储路径

⑦ 待进度条走完，即完成了备份。

1.5.4 下载固件

手机开机连接电脑,打开爱思助手。如图 1-149 所示,单击"刷机越狱"按钮,对应此手机可用的固件包就会显示在此页面了。

图 1-149 选择刷机越狱

单击"下载"按钮下载固件,如图 1-150 所示。

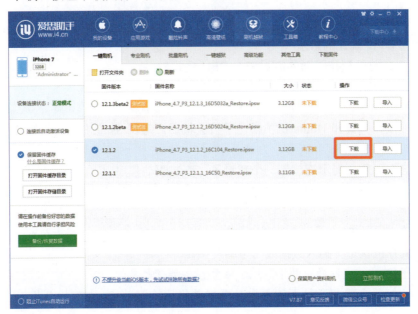

图 1-150 选择最新版系统

注意：最好不要下载测试版固件，可能会存在一些问题。

1.5.5　刷机模式

对设备进行刷机操作前我们要进入刷机模式。iPhone 的刷机模式一般分两种：一种是恢复模式，另一种是 DFU 模式。恢复模式的手机上会显示一个 iTunes 图标和数据线，如图 1-151 所示。DFU 模式为黑屏状态，屏幕没有任何显示。

1．进入恢复模式的方法

iPhone 7 之前机型按下面的流程进入恢复模式。

① 手机关机状态下，按 Home 键不松，插入数据线与电脑连接。

② 出现苹果图标后继续按住 Home 键不松，直至屏幕出现数据线连接 iTunes 的图标。

③ 电脑右下角会提示检测到一个新设备，安装驱动程序。

④ 打开 iTunes 会提示检测到一个处于恢复模式的 iPhone，表示进入恢复模式。

iPhone 7 按下面的流程进入恢复模式。

① 关机状态下，按设备音量下键不松，插入数据线与电脑连接。

图 1-151　恢复模式

② 出现苹果图标后继续按住音量下键不松，直至屏幕出现数据线连接 iTunes 的图标。

③ 电脑右下角会提示检测到一个新设备，安装驱动程序。

④ 打开 iTunes 会提示检测到一个处于恢复模式的 iPhone，表示进入恢复模式。

2．进入 DFU 模式的方法

iPhone 7 之前机型按下面的流程进入 DFU 模式。

① 手机开机状态下插入数据线与电脑连接。

② 打开 iTunes 或者爱思助手，用于观察设备连接状态。

③ 同时按开机键和 Home 键不松，手机关机后，等待 3s 左右松开机键，按 Home 键不松。

④ 电脑右下角会提示连接到一个新设备，安装驱动程序。

⑤ 在 iTunes 或者爱思助手界面中可以看到一个处于恢复模式的 iPhone，表示进入 DFU 模式。

iPhone 7 按下面的流程进入 DFU 模式。

① 手机开机状态下插入数据线与电脑连接。

② 打开 iTunes 或者爱思助手，用于观察设备连接状态。

③ 同时按开机键和音量下键不松，手机关机后，等待 3s 左右松开机键，按音量下键不松。

④ 电脑右下角会提示连接到一个新设备，安装驱动程序。

⑤ 在 iTunes 或者爱思助手界面中可以看到一个处于恢复模式的 iPhone，表示进入 DFU 模式。

1.5.6 刷机操作

1. 使用 iTunes 刷机的方法

① 进入刷机模式后，iTunes 界面会提示检测到一个处于恢复模式的 iPhone，单击"确定"按钮，如图 1-152 所示。

图 1-152　检测到处于恢复模式的 iPhone

② 按住电脑键盘 Shift 键，单击"恢复 iPhone"按钮，如图 1-153 所示。

图 1-153　单击"恢复 iPhone"按钮

③ 选择和设备匹配的固件路径，如图 1-154 所示，选中对应的固件，单击"打开"按钮。

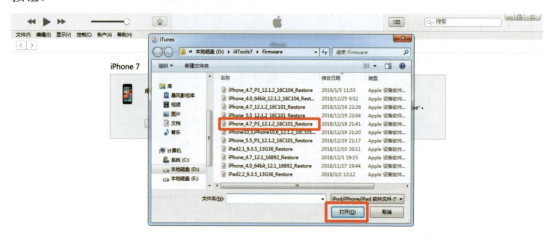

图 1-154　选择固件版本打开

④ 界面会提示将 iPhone 恢复到所选的软件版本，单击"恢复"按钮，如图 1-155 所示。

图 1-155　提示要恢复 iPhone

⑤ 此时 iTunes 界面上部会提示恢复的步骤并出现相应进度条，如图 1-156 所示。

图 1-156　出现进度条

⑥ 经过几个步骤之后，会提示"欢迎使用您的新 iPhone"，表示刷机完成，如图 1-157 所示。

图 1-157　刷机完成

2．使用爱思助手刷机的方法

① 进入刷机模式之后，爱思助手会提示对应的进入模式，单击上方的"刷机越狱"按钮，如图 1-158 所示。

图 1-158　设备连接成功

② 进入界面之后，如图 1-159 所示，单击上方的"一键刷机"按钮，勾选已经下载的固件版本，单击"立即刷机"按钮。

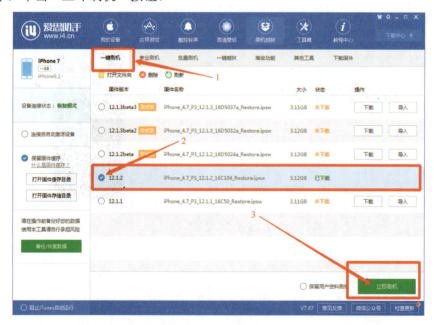

图 1-159　选择固件版本

③ 页面会提示刷机提醒，单击"确认刷机"按钮，如图 1-160 所示。

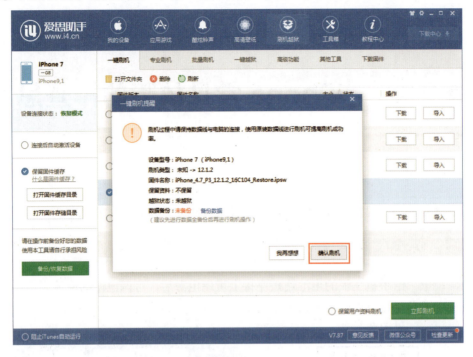

图 1-160　确认刷机

④ 出现一个圆形进度圈，如图 1-161 所示。进度到达 100%即刷机完成。

图 1-161　显示进度圈

第 2 章　iPhone 常见故障的排查思路

本章以 iPhone 7 的常见故障维修为例，讲解 iPhone 常见故障的排查思路。

2.1　接电严重漏电、大短路故障的排查思路

故障现象　给手机主板的电池连接座接上可调电源后，可调电源的电流表直接显示有电流，且电流严重超出手机正常工作的电流。

排查思路　见图 2-1。

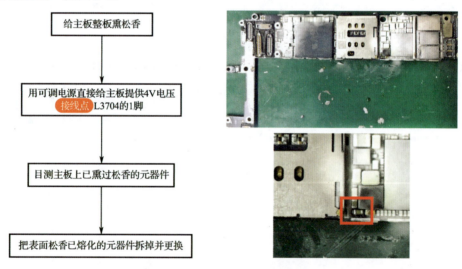

图 2-1　接电严重漏电、大短路故障的排查思路

2.2　不开机/不触发故障的排查思路

故障现象　给手机主板的电池连接座接上可调电源，然后按手机的开机键，可调电源的电流表显示电流为 0mA，没有跳变。

排查思路　见图 2-2。

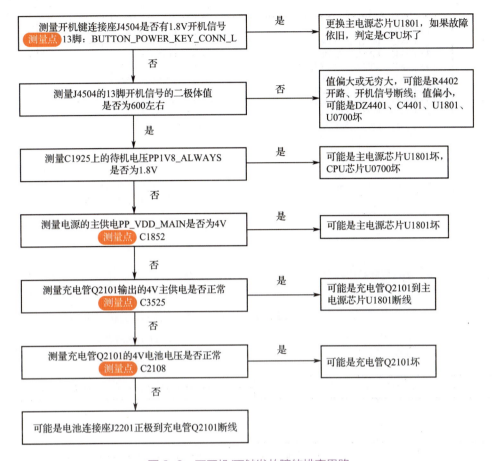

图 2-2　不开机/不触发故障的排查思路

2.3　开机大电流故障的排查思路

故障现象　给手机主板的电池连接座接上可调电源，然后按手机开机键，可调电源的电流表显示电流从 0mA 瞬间跳 300mA 以上。

排查思路　见图 2-3。

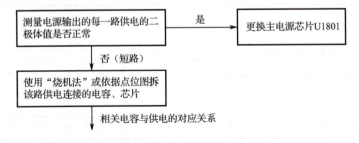

图 2-3　开机大电流故障的排查思路

```
(1) C1506: PP1V1                    (16) C1926: PP3V0_MESA
(2) C1813: PP_GPU_VAR               (17) C1805: PP_CPU_SRAM_VAR
(3) C1842: PP_CPU_VAR               (18) C3209: PP1V8_VA
(4) C1801:  PP0V9_SOC_FIXED         (19) C1704: PP0V9_NAND
(5) C1822: PP_SOC_VAR               (20) C1719: PP3V0_NAND
(6) C1802: PP1V1_SDRAM              (21) C1602: PP1V8
(7) C1816: PP1V8_SDRAM              (22) C1921: PP_ACC_VAR
(8) C3604: PP1V8_MAGGIE_IMU         (23) C1933: PP3V0_TRISTAR_ANT_PROX
(9) C1922: PP2V9_NH_AVDDY           (24) C3932: PP1V8_TOUCH
(10) C1437: PP_GPU_SRAM_VAR         (25) C3915: PP1V8_MESA
(11) C1904: PP1V2_NH_NV_DVDD        (26) C1930: PP1V2_UT_DVDD
(12) C1862: PP2V8_UT_AF_VAR         (27) C0701: PP3V3_USB
(13) C1918: PP3V0_ALS_APS_CONVOY    (28) C1804: PP1V25_BUCK
(14) C1604: PP1V2_SOC               (29) C1923: PP1V8_HAWKING
(15) C1504: PP0V8_AOP               (30) C1918: PP3V0_ALS_APS_CONVOY
```

图 2-3　开机大电流故障的排查思路（续）

2.4　开机定电流 20～30mA 无显示故障的排查思路

故障现象　给手机主板的电池连接座接上可调电源，然后按手机开机键，电流停留在 20～30mA，显示屏无显示。这种开机后电流固定在某些值的故障叫开机定电流。

排查思路　见图 2-4。

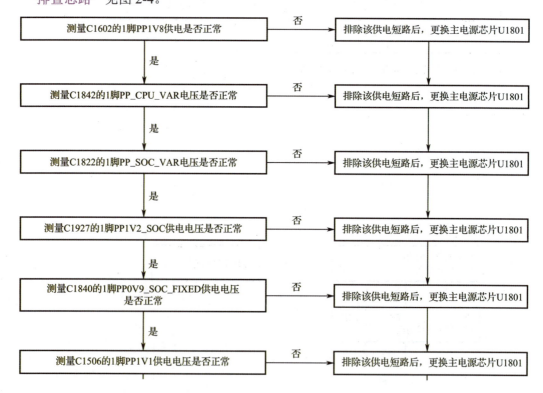

图 2-4　开机定电流 20～30mA 无显示故障的排查思路

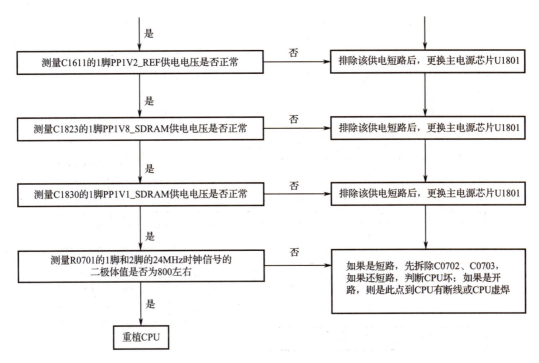

图 2-4 开机定电流 20~30mA 无显示故障的排查思路（续）

2.5 开机定电流 40~50mA 无显示故障的排查思路

故障现象 给手机主板的电池连接座接上可调电源，然后按手机开机键，电流停留在 40~50mA，显示屏无显示。

排查思路 这种故障一般是 CPU 还没开始工作引起的，其排查思路如图 2-5 所示。

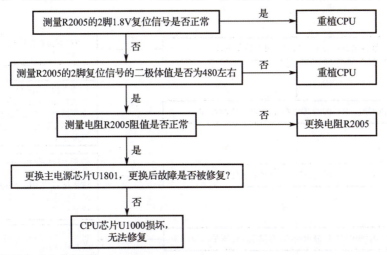

图 2-5 开机定电流 40~50mA 故障的排查思路

2.6 开机定电流 60~70mA 无显示故障的排查思路

故障现象 给手机主板的电池连接座接上可调电源,然后按手机开机键,电流停留在 60~70mA,显示屏无显示。

排查思路 这种故障主要是开机自检出错引起的,其排查思路如图 2-6 所示。

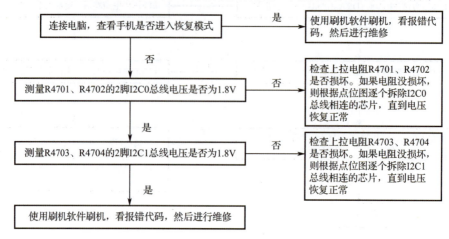

图 2-6 开机定电流 60~70mA 无显示故障的排查思路

2.7 开机定电流 80~120mA 无显示故障的排查思路

故障现象 给手机主板的电池连接座接上可调电源,然后按手机开机键,电流停留在 80~120mA,显示屏无显示。

排查思路 这种故障一般是自检异常,通常有暂存故障、I^2C 总线故障等,其排查思路如图 2-7 所示。

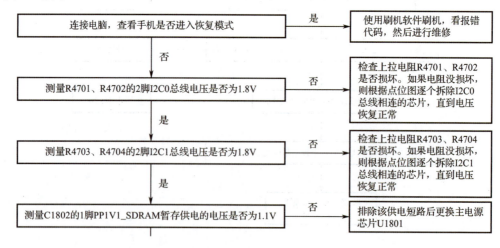

图 2-7 开机定电流 80~120mA 无显示故障的排查思路

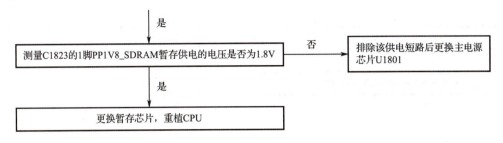

图 2-7　开机定电流 80～120mA 无显示故障的排查思路（续）

2.8　开机电流跳变但无显示故障的排查思路

故障现象　给手机主板的电池连接座接上可调电源，手机触发开机，可调电源显示电流正常跳变到 200mA 以上，但是手机显示屏无显示。

排查思路　见图 2-8。

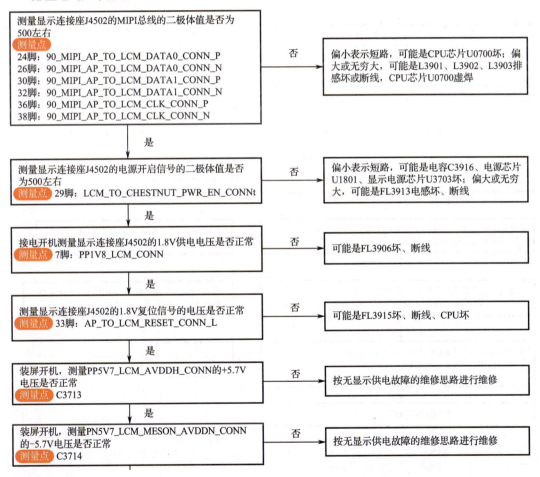

图 2-8　开机电流跳变但无显示故障的排查思路

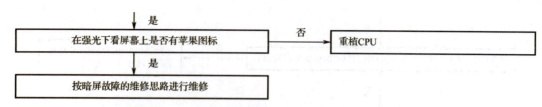

图 2-8　开机电流跳变但无显示故障的排查思路（续）

2.9　无显示供电故障的排查思路

故障现象　手机接上显示屏，触发开机后，屏幕无显示，测量发现没有显示屏所需要的供电+5.7V。

排查思路　见图 2-9。

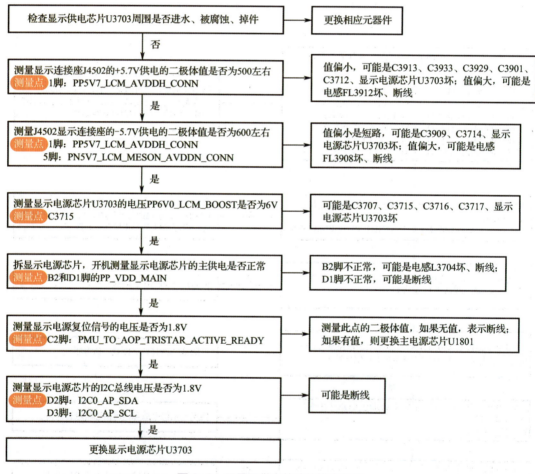

图 2-9　无显示供电故障的排查思路

2.10　暗屏故障的排查思路

故障现象　手机开机后，苹果图标很暗，在强光下才可以看到苹果图标。

排查思路 见图 2-10。

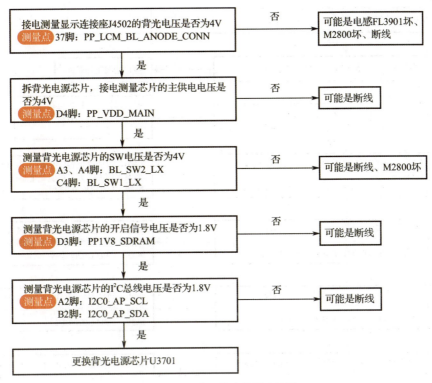

图 2-10 暗屏故障的排查思路

2.11 阴阳屏故障的排查思路

故障现象 手机开机后，显示屏正常显示图像，但是屏上方有一个角没光线，是黑色的。

排查思路 见图 2-11。

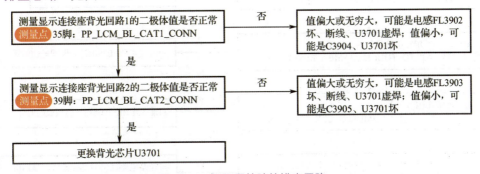

图 2-11 阴阳屏故障的排查思路

2.12 触摸显示屏无反应故障的排查思路

故障现象 手机可以正常开机，触摸显示屏无反应。

排查思路 见图 2-12。

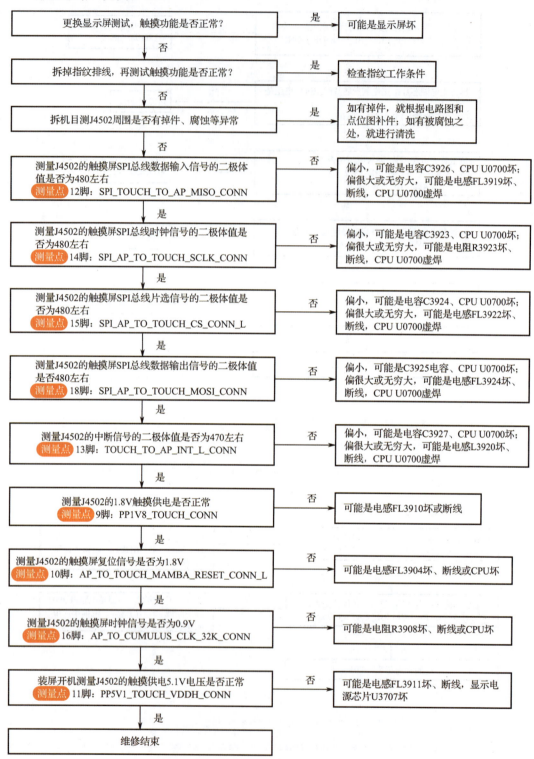

图 2-12 触摸屏无反应故障的排查思路

2.13 前置摄像头故障的排查思路

故障现象 打开手机的"相机"程序,后置摄像头图像正常;切换到前置摄像头后,屏幕无图像、黑屏。

排查思路 见图 2-13。

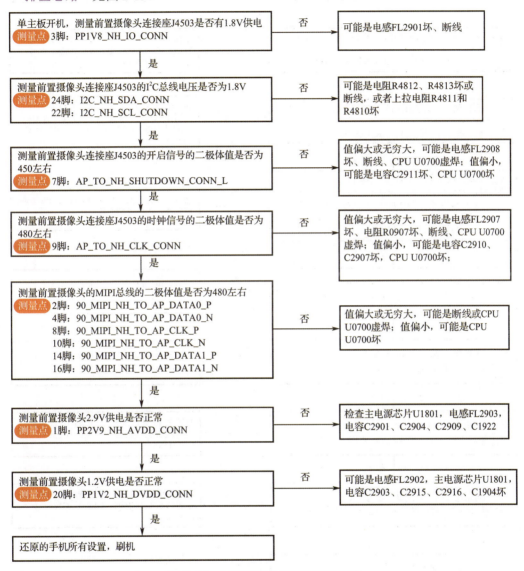

图 2-13 前置摄像头故障的排查思路

2.14 后置摄像头故障的排查思路

故障现象 打开手机的"相机"程序后,打开后置摄像头后,屏幕无图像、黑屏;切换到前置摄像头后,屏幕正常显示画面。

排查思路 见图 2-14。

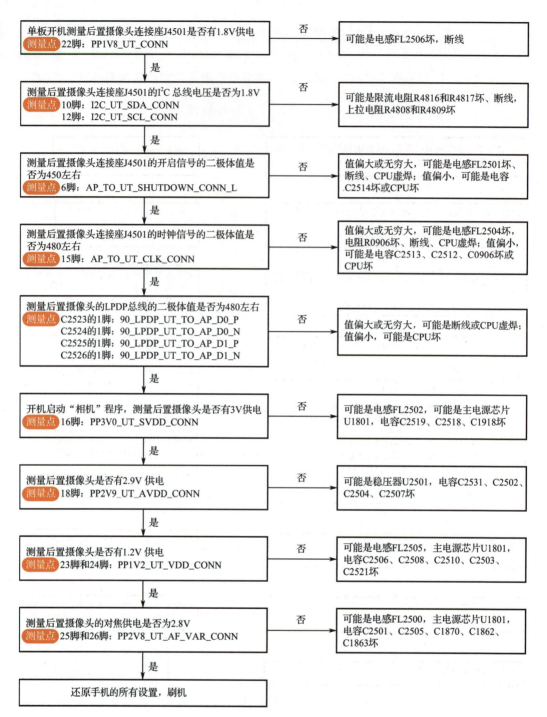

图 2-14 后置摄像头故障排查思路

2.15 打不开 Wi-Fi 故障的排查思路

故障现象 打开手机"设置",点击"Wi-Fi"进入后,启动按钮是灰色的,无法点击。

排查思路　见图 2-15。

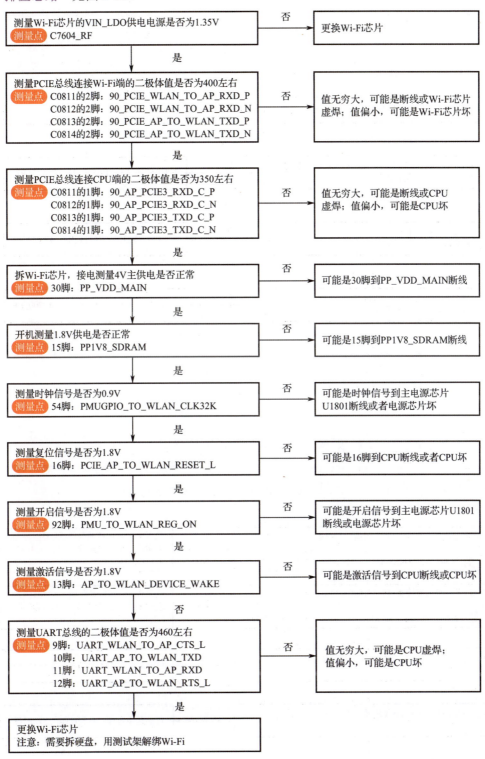

图 2-15　打不开 Wi-Fi 故障的排查思路

2.16　Wi-Fi 信号弱故障的排查思路

故障现象　手机开机，打开 Wi-Fi 后，搜索到的热点信号很少，只能搜索到附近的一两个热点，并且信号不满格。

排查思路　见图 2-16。

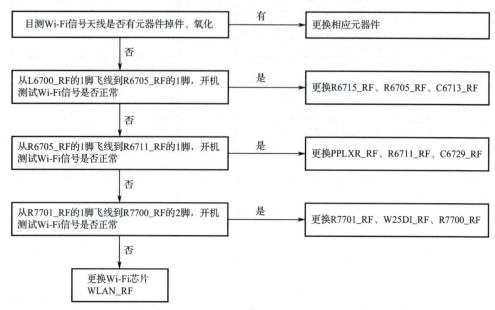

图 2-16　Wi-Fi 信号弱故障的排查思路

2.17　打电话时听筒无声故障的排查思路

故障现象　使用语音电话模式拨打电话时，听不到对方的声音。

排查思路　见图 2-17。

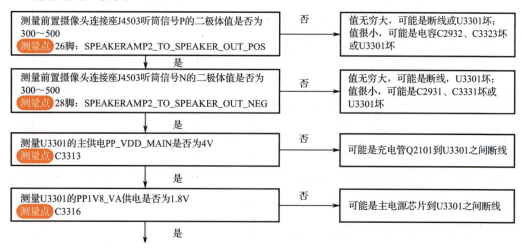

图 2-17　打电话时听筒无声音故障的排查思路

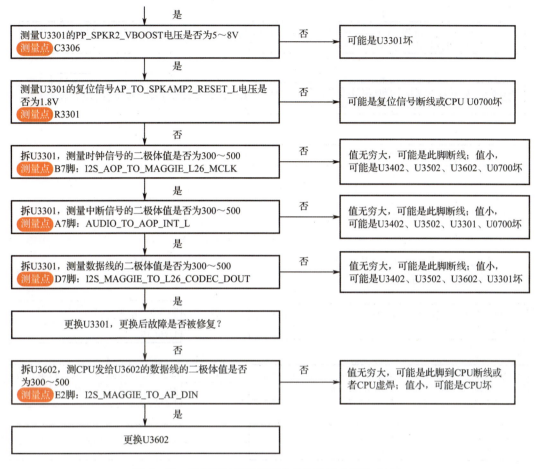

图 2-17 打电话时听筒无声音故障的排查思路（续）

2.18 打电话时无送话故障的排查思路

故障现象 拨打电话时，对方听不到声音。

排查思路 见图 2-18。

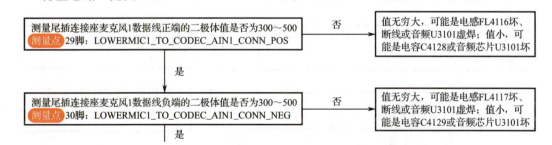

图 2-18 打电话时无送话故障的排查思路

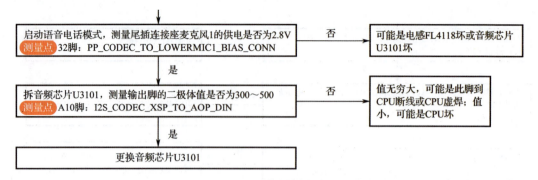

图 2-18 打电话时无送话故障的排查思路（续）

2.19 无铃声、免提无声故障的排查思路

故障现象 手机来电时铃声不响，免提通话时，听不到对方声音。

排查思路 见图 2-19。

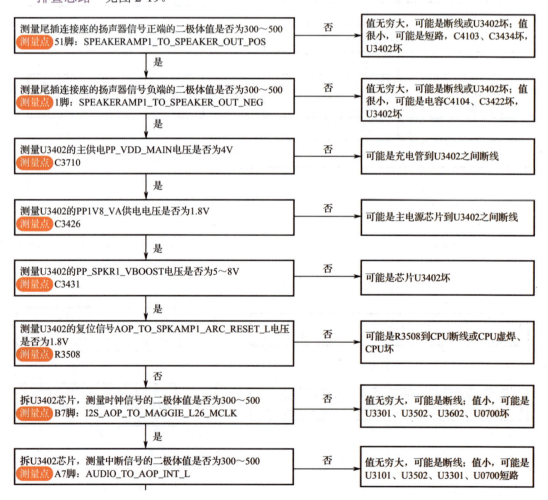

图 2-19 无铃声、免提无声故障的排查思路

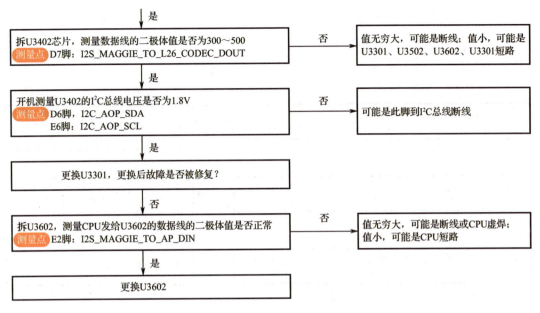

图 2-19 无铃声、免提无声故障的排查思路（续）

2.20 免提时无送话故障的排查思路

故障现象　使用免提模式打电话时，对方听不到声音。
排查思路　见图 2-20。

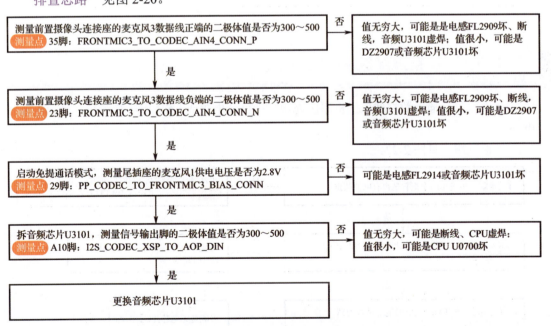

图 2-20 免提时无送话故障的排查思路

2.21 无法录音故障的排查思路

故障现象 打开"语音备忘录"程序时,"录制"按钮失效。
排查思路 见图 2-21。

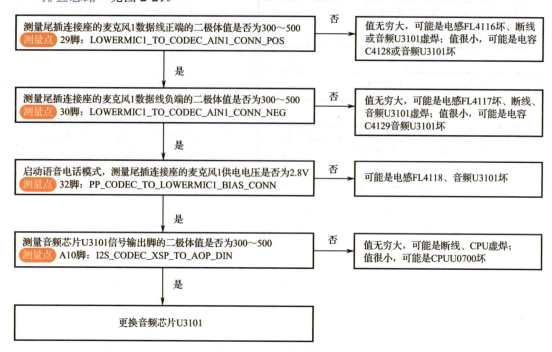

图 2-21 无法录音故障的排查思路

2.22 不充电故障的排查思路

故障现象 插上数据线,手机不能充电。接可调电源或 USB 电压检测仪,显示电流为 0mA。
排查思路 见图 2-22。

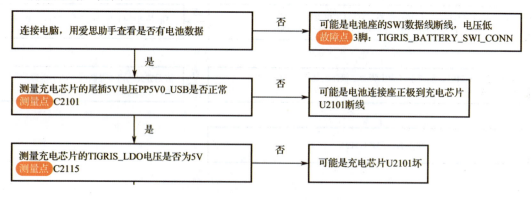

图 2-22 不充电故障的排查思路

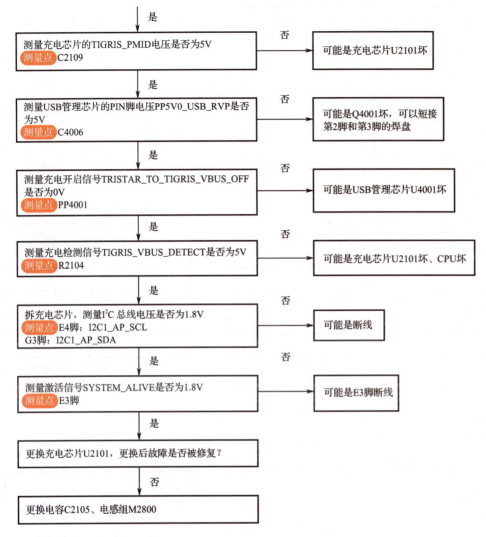

图 2-22　不充电故障的排查思路（续）

2.23　不联机故障的排查思路

故障现象　手机插上数据线，同时一端插到电脑 USB 接口，但是电脑端没反应，不提示连接设备。

排查思路　见图 2-23。

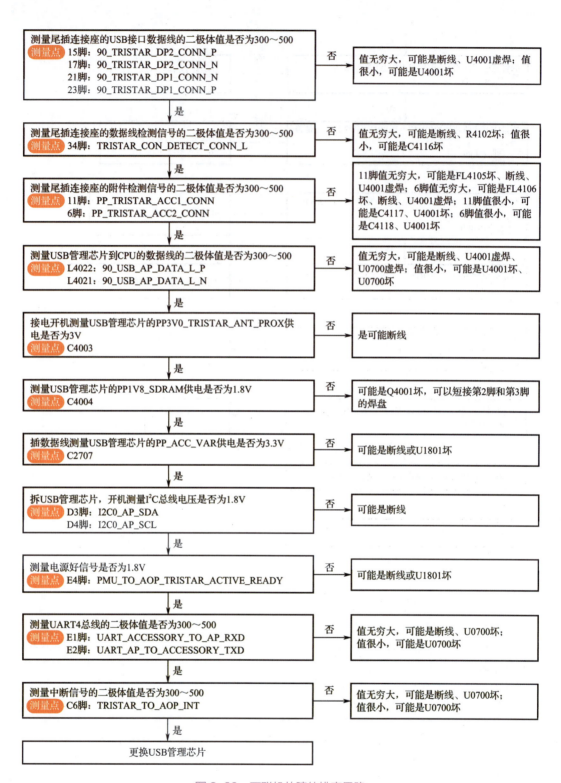

图 2-23 不联机故障的排查思路

2.24 无基带数据故障的排查思路

故障现象 进入手机"设置"程序→"通用"→"关于本机"→"调制解调器固件",发现其中没有数据。

排查思路 见图 2-24。

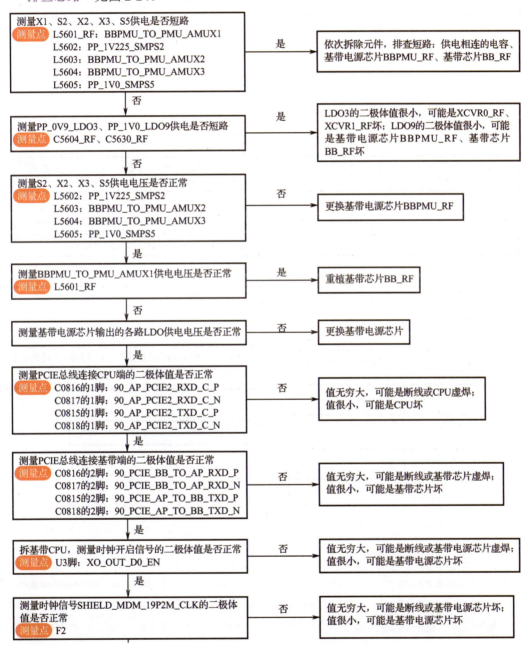

图 2-24 无基带故障的排查思路

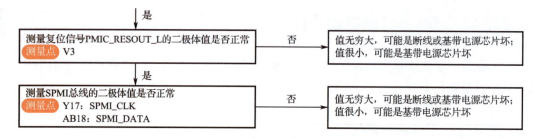

图 2-24 无基带故障的排查思路（续）

2.25 不认 SIM 卡故障的排查思路

故障现象 把 SIM 卡装入卡卡槽后，手机仍然提示无 SIM 卡。

排查思路 见图 2-25。

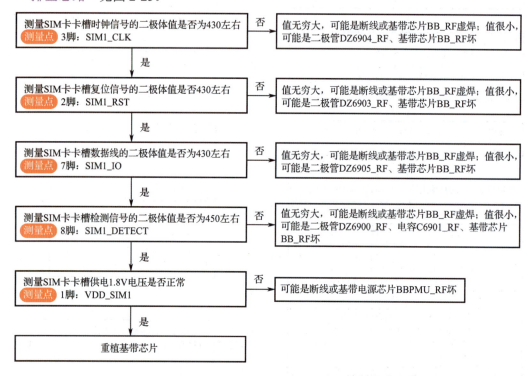

图 2-25 不认 SIM 卡故障的排查思路

2.26 无串号故障的排查思路

故障现象 手机没信号，拨号界面输入 *#06# 不显示 IMEI 串号。

排查思路 见图 2-26 所示。

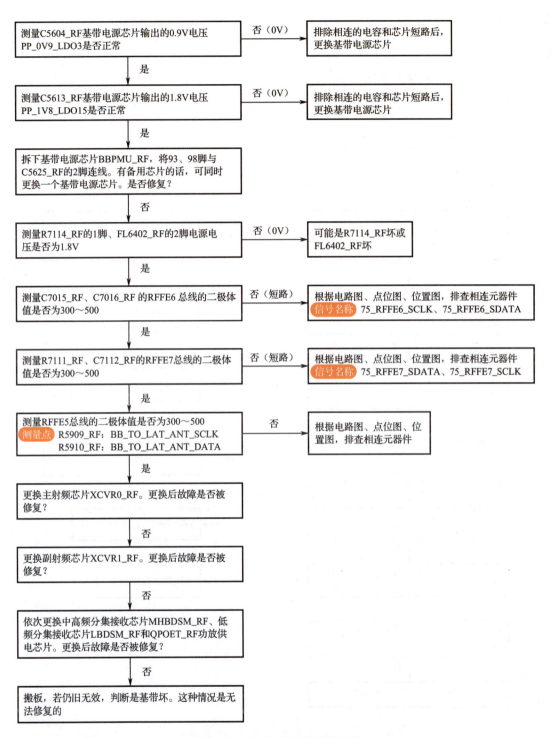

图2-26 无串号故障的排查思路

2.27 无移动和联通 2G 接收信号故障的排查思路

故障现象　手机插入 SIM 卡后，提示无服务，在"设置"→"通用"→"关于本机"中看不到运营商信息。

排查思路　见图 2-27 所示。

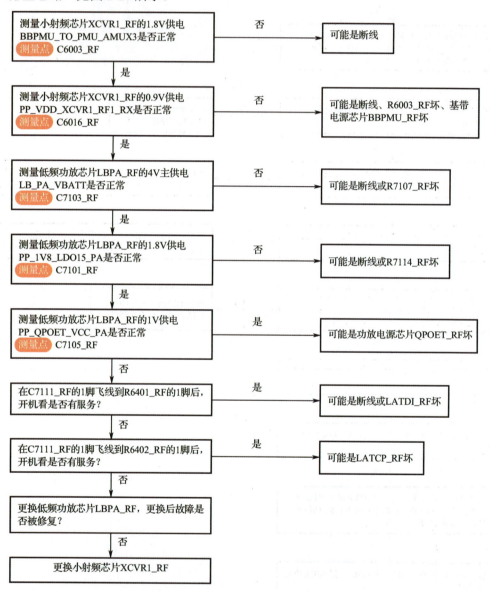

图 2-27　无移动和联通接收信号故障的排查思路

2.28 无移动和联通 2G 发送信号故障的排查思路

故障现象　手机插入 SIM 卡后，提示无服务，在"设置"→"通用"→"关于本机"

中可以看到运营商信息。

排查思路　见图 2-28。

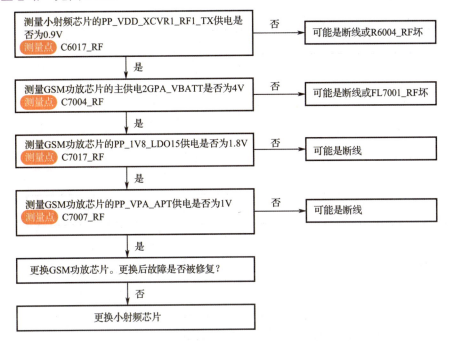

图 2-28　无移动和联通 2G 发送信号故障的排查思路

2.29　无移动 4G 网络故障的排查思路

故障现象　装入移动 SIM 卡，可以正常打电话，但没有 4G 网络。

排查思路　见图 2-29。

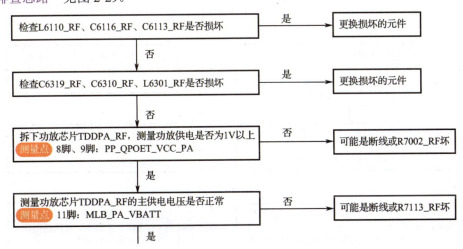

图 2-29　无移动 4G 网络故障的排查思路

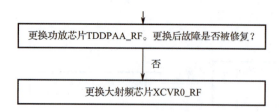

图 2-29 无移动 4G 网络故障的排查思路（续）

2.30 无联通和电信 4G 网络故障的排查思路

故障现象 装入联通或电信 SIM 卡，可以正常打电话，但是没有 4G 网络。
排查思路 见图 2-30。

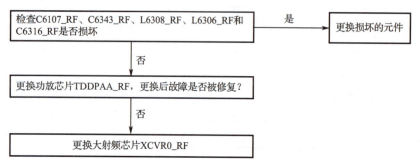

图 2-30 无联通和电信 4G 网络故障的排查思路

2.31 指纹不能解锁故障的排查思路

故障现象 1 打开手机"设置"程序，点击"触控 ID 与密码"，输入密码后，"添加指纹"选项为灰色。

排查思路 1 见图 2-31。

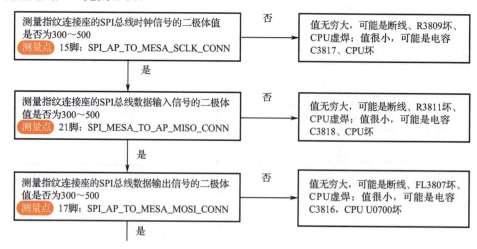

图 2-31 iPhone 7 "添加指纹"选项为灰色故障的排查思路

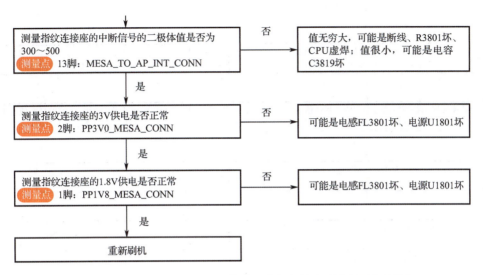

图 2-31 iPhone 7 "添加指纹"选项为灰色故障的排查思路（续）

故障现象 2　打开手机"设置"程序，点击"触控 ID 与密码"，输入密码后，"添加指纹"选项是蓝色，但录入指纹失败。

排查思路 2　见图 2-32。

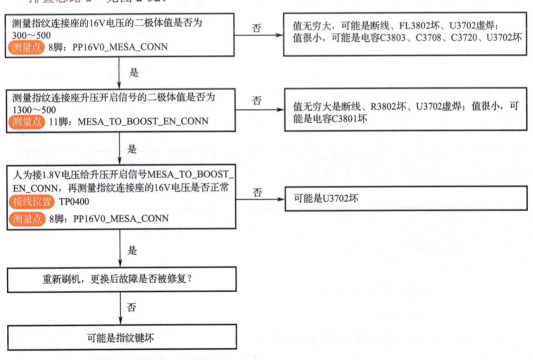

图 2-32　iPhone 7 录入指纹失败故障的排查思路

2.32　无振动功能故障的排查思路

故障现象　按返回键无振感，来电也不振动。

排查思路 见图 2-33。

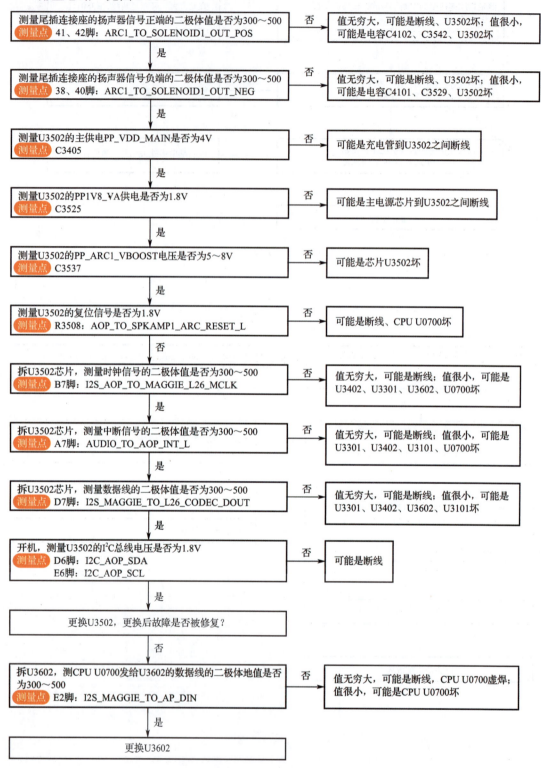

图 2-33 无振动功能故障的排查思路

2.33 无 GPS 数据故障的排查思路

故障现象　手机打开地图提示无 GPS 数据的故障。
排查思路　见图 2-34。

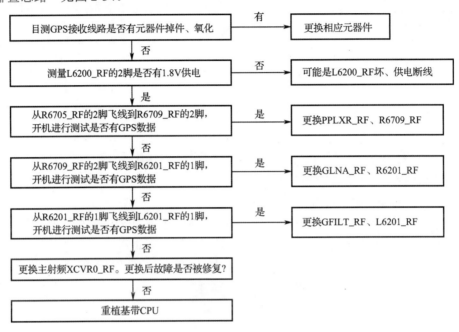

图 2-34　无 GPS 数据故障的排查思路

第 3 章　iPhone 7 维修实例

3.1　iPhone 7 Home 键太灵敏故障的维修

故障现象　Home 键太灵敏。

维修过程　iPhone 7 的 Home 键是压感式的，根据按压的力度来执行返回功能。这台手机只轻轻触摸一下 Home 键就立即有返回的效果，明显不正常。

在显微镜下仔细观察指纹排线，发现指纹排线上的芯片有破裂的痕迹，如图 3-1 所示。

图 3-1　指纹排线上的芯片有破裂的痕迹

把指纹排线上的芯片取下，处理好焊盘，将露铜的地方补上绿油，如图 3-2 所示。

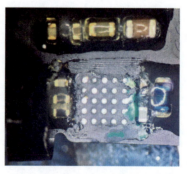

图 3-2　处理焊盘

从料板上拆一个该芯片装上。因为指纹排线是柔性的，所以芯片周围需要上点绿油进行固定，如图 3-3 所示。

图 3-3　点绿油进行固定

处理完成后装机测试，返回功能和指纹识别功能都正常了。维修到此结束。

3.2　iPhone 7 打不开 Wi-Fi 功能故障的维修

故障现象　打不开 Wi-Fi 功能，即在手机的"设置"→"通用"→"关于本机"里的"无线局域网地址"为"不适用"，如图 3-4 所示。

图 3-4　故障实测图

维修过程　这种故障一般多为 Wi-Fi 芯片损坏导致的。先取下主板，然后刮掉边胶，再用旋风风枪 330℃拆下 Wi-Fi 芯片，如图 3-5 所示。

图 3-5　Wi-Fi 芯片被拆下

处理好焊盘后，更换新的 Wi-Fi 芯片。

这里还需要讲解一下，iPhone 6s 以上的手机，更换 Wi-Fi 芯片时，都需要拆下硬盘，再在硬盘测试架上进行解绑后再装上，如图 3-6 所示。

图 3-6　装硬盘

开机测试，已经可以打开 Wi-Fi 功能了，故障排除。维修到此结束。

3.3　iPhone 7 Wi-Fi 信号弱故障的维修

故障现象　此机为二修机，上家说修过 Wi-Fi，开机还是信号弱，信号只有几格，如图 3-7 所示。

图 3-7　Wi-Fi 信号弱实测图

维修过程　拆机，发现同行换过 Wi-Fi 芯片。因为有点不相信上家的技术，所以重新更换，但故障依旧，如图 3-8 所示。

图 3-8　重新更换 Wi-Fi 芯片

考虑是信号接收部分的问题，可以采取飞线的方法解决，如图 3-9 所示。

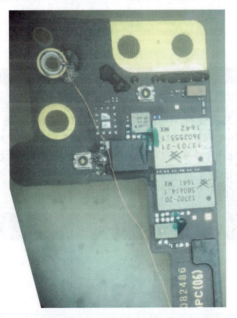

图 3-9　飞线

装机测试，显示 Wi-Fi 信号瞬间满格。维修到此结束。

3.4　iPhone 7 进水后不能开机故障的维修

故障现象　手机进水后导致不能开机。

维修过程　首先上电，发现手机漏电，电流为 900mA，手机不能触发。拆下主板观察，发现电容 C2307 碎了，如图 3-10 所示。

下面两个音频放大芯片都被腐蚀了，如图 3-11 所示。

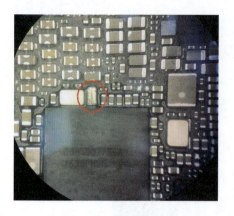 

图 3-10　电容 C2307 碎了　　　　　　图 3-11　两个音频放大芯片都被腐蚀了

拆下电容 C2307，清洗进水部分，上电发现漏电，电流为 100mA，手机可以正常触发开机，但开机后无振动、无声音。

将两个音频放大芯片全部拆下后测二极体值，发现 U3402 A2 脚的值为 30，正常应是 300 多。与 A2 脚相连的只有 M2800，所以判断是 M2800 损坏了。查点位图（见图 3-12）找到 M2800。

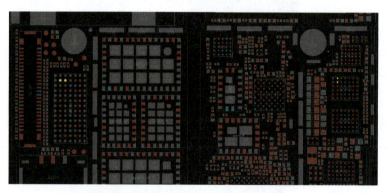

图 3-12　iPhone 7 点位图（M2800 附近局部放大）

拆下 M2800，如图 3-13 所示。

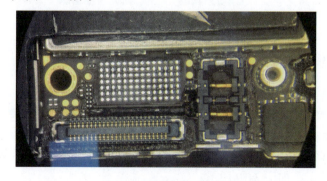

图 3-13　拆下 M2800

更换一个好的 M2800 后测量，U3402 A2 脚的二极体值正常了。重新更换两个音频放大芯片，上电测试，不再漏电。触发正常开机，测试声音和振动功能都正常了。维修到此结束。

3.5　iPhone 7 开机白苹果，刷机时可以通过，但不能进入系统故障的维修

故障现象　iPhone 7 开机时停在显示白苹果图标处，重启不能进入系统，俗称"开机白苹果"。本机刷机时可以通过，但第二次走进度条时没走到头就重启了。

维修过程　该机是同行拿过来修音频功能的，没法录音，也发不了微信语音。一般这种故障，直接换音频芯片就可以了，但该机还有很多问题，换完之后不能进系统，开机时在显示白苹果图标处重启。

首先判断可能是音频芯片没装好，重装音频芯片，重装后还是一样。再刷机，可以刷成功，但还是不能进系统，在第二次走进度条时重启。

怀疑电池有问题。换块电池后竟然开机了，但感觉电量不对，判断可能是电池检测脚有问题。测电池检测脚的二极体值都正常，反复测试确认是电池检测脚有问题。

查看图 3-14 所示电路图，发现这条路上只有 Q1202 和一个上拉电阻。因测该电阻没问题，所以直接换一个 U2101。更换后开机测试，手机功能正常了。维修到此结束。

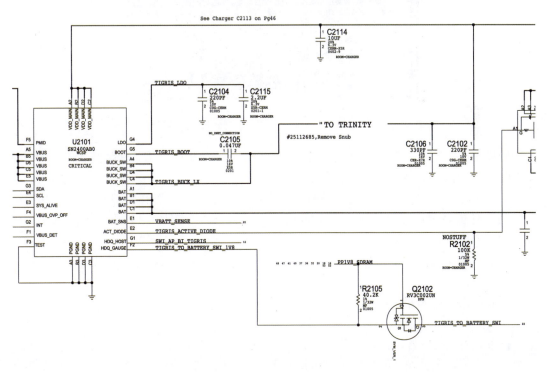

图 3-14　电池检测电路

iPhone 7 开机白苹果实际会有多种故障原因，本机的故障比较特别。

3.6　iPhone 7 升级后开机白苹果且时而重启故障的维修

故障现象　客户描述手机用着比较卡，自己升级完系统后一直停在显示白苹果图标处，时而重启。

维修过程　根据故障描述，首先连接电脑刷一个最新的系统，电脑提示刷机完成，但是不能进入激活界面，一直显示白苹果图标。

用可调电源测量，显示电流一直停在 150mA 左右，如图 3-15 所示。

图 3-15　用可调电源测量，显示电流一直停在 150mA 左右

触摸 Home 键有反应，并且能正常完成刷机，说明手机的开机条件是具备的，所以移除外配进行测试，结果还是一样不能进入系统。

开机后放在一边，过了一会儿进界面了，但还是很卡，而且发现只要点击与声音有关的文件或者界面就会卡死。因 iPhone 7 的音频芯片 U3101 很容易坏，所以决定先拆下它。

拆 U3101 还是有一定风险的，其下方是硬盘，上方是大电源，背面是基带 CPU，拆之前要做好保护。

取 iPhone 7 中不带胶的芯片时可以把温度稍调高一点。笔者感觉 iPhone 7 的焊锡的熔点比前面几代 iPhone 的要高。

拆下芯片，处理好焊盘，发现 C12、J12 两点的焊点已经掉了。在显微镜下观察发现这两个点的走线在最上面（有点类似 iPhone 6 Plus 触摸电路的走线），很容易断线，如图 3-16 所示。

图 3-16　音频 U3101 C12、J12 两点的焊点已经掉了

打开"鑫智造",查看 iPhone 7 点位图,发现在音频旁边有两个电阻是分别通过这两个点的,如图 3-17 所示。

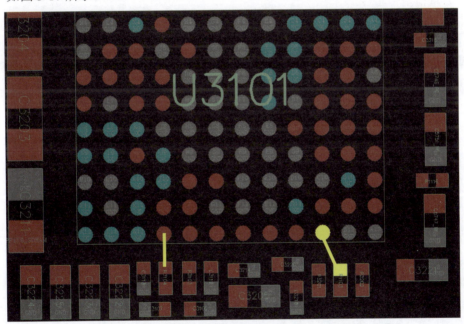

图 3-17　iPhone 7 点位图(U3101 附近局部放大)

从两个电阻分别飞线到这两个点即可。其中 C12 点断线的概率比较高,它是 CPU 给音频的一个信号。然后,可以不用更换新的 U3101,把拆下的 U3101 重新植锡装上即可。

装好开机,20s 正常进入界面,测试各项功能均正常,不卡机,故障排除。维修到此结束。

注意:由于系统不断更新,装机测试时请用原装配件,前置摄像头排线也要扣上。

3.7　iPhone 7 基带故障造成开机白苹果故障的维修

故障现象　手机进入恢复模式，刷机报错误代码"4013"。

维修过程　基带故障是 iPhone 7 的一个通病。iPhone 6s 之后的 iPhone，如果识别不出来基带，iOS 11 的系统就会在开机显示白苹果图标时重启，无法进入系统。初学者可能会以为是硬盘有问题，硬盘有问题会造成刷机时不出进度条，但基带部分损坏的话，是刷机刷到 80%才报错。

基带故障的维修可分为以下几步：

（1）测量基带芯片边上的电容是否对地短路。

如果发现有短路的电容，修好电容短路的故障后，基本上也可以开机了。不过在有短路情况的板子中，基带芯片短路的占 45%，基带电源芯片短路的占 45%，另外 10%是其他芯片短路。只要不是基带芯片短路，都好处理。若是基带芯片短路了，基本是修不了。

（2）如果没有发现元器件短路，一般先换个基带电源芯片，再刷机试一下。

（3）重植基带芯片。

本机经测量没有发现短路，更换基带电源芯片并刷机后，故障依旧，决定重植基带芯片。

基带芯片靠近主 CPU，拆的时候注意隔热，以防主 CPU 爆炸。拆后就是清理焊盘，如图 3-18 所示。

图 3-18　清理焊盘

装上基带芯片，如图 3-19 所示。

图 3-19　装上基带芯片

装机，开机测试，手机功能正常了。维修到此结束。

3.8　iPhone 7 打不开 Wi-Fi 功能故障的维修

故障现象　打不开 Wi-Fi、蓝牙功能，而且还漏电，背光调到最亮还是偏暗。

维修过程　一般功能模块有损坏也会导致漏电、耗电快。既然是打不开 Wi-Fi 功能，就有可能是 Wi-Fi 模块损坏了。

拆机，接可调电源上电，发现触发电流从 100mA 多起跳，如图 3-20 所示。

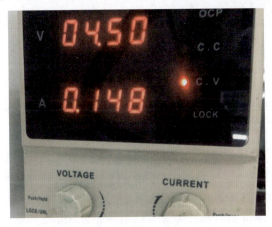

图 3-20　触发电流从 100mA 多起跳

虽然客户没说，但拆下主板检查，发现该机是进水机，而且正好是 Wi-Fi 芯片旁边被腐蚀了，如图 3-21 所示。

图 3-21　Wi-Fi 芯片旁边被腐蚀了

把腐蚀的地方用洗板水清洗干净，抠掉被腐蚀的滤波电容，上电测试，电流还是会从 100mA 多起跳漏电。

再检查别的地方，发现指南针芯片下面有一小电容被腐蚀且坏了一脚，如图 3-22 所示。用万用表测量，发现电容的两端都已经对地短路了。

图 3-22　指南针芯片下面有一小电容被腐蚀且坏了一脚

直接把该电容抠掉，再测二极体值正常了，上电也正常。更换电容，装回主板测试，已经可以打开 Wi-Fi 功能了，指南针功能也正常了。另外测试发现，背光偏暗是屏的质量问题，无法维修。维修到此结束。

3.9　iPhone 7 被摔后不能开机故障的维修

故障现象　手机被摔后不能开机。

维修过程　拆机，接可调电源，发现开机电流定在 50mA，测试不能联机。

之前修 iPhone 6 的时候，遇到过开机电流定 50mA 的故障，发现该故障与 CPU、U2、显示电源有关系。

考虑到不能联机，所以先更换 U2，故障依旧。

拆开 CPU 屏蔽罩，在显微镜下观察，发现 CPU 芯片贴合得很好，没有裂开的痕迹。因为此手机的开机电流只有 50mA，所以没法测量电压，只能测量开机条件线路上元器件的二极体值。具体是先测量 CPU 和硬盘，再测量时钟、复位和总线。

打开"鑫智造"，查看 iPhone 7 点位图，如图 3-23 所示。

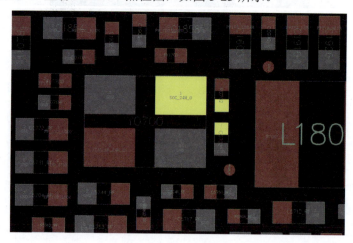

图 3-23　iPhone 7 点位图（Y0700 附近局部放大）

经测量，发现问题在 24MHz 主时钟晶振（见图 3-24）。24MHz 主时钟晶振第 1 脚输出的二极体值只有 200 多，正常第 1 脚、3 脚的二极体值都应是 800 多。

图 3-24　24MHz 主时钟晶振实物图

先去掉关联的电容 C0702，发现主时钟晶振 1 脚的二极体值还是不正常。周围的小电阻就不用更换了。风枪直风 420℃，高温快速取下主时钟晶振，测得焊盘的二极体值是正常的。更换一个 24MHz 主时钟晶振（与 iPhone 6S 的通用），并补上电容。

更换完成后可以联机，刷机后手机功能正常了。维修到此结束。

3.10　iPhone 7 不读 SIM 卡故障的维修

故障现象　手机不读 SIM 卡，如图 3-25 所示。

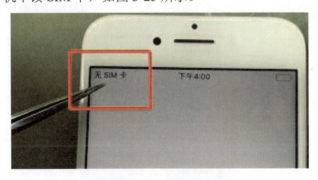

图 3-25　手机不读 SIM 卡

维修过程　拆下主板，没有发现维修过的痕迹。

在测量 SIM 卡卡槽的接触点时发现有一个点没有了（见图 3-26），看点位图（见图 3-27）得知这是第 5 个接地点。

图 3-26 SIM 卡卡槽实物图

图 3-27 iPhone 7 点位图（J_SIM_RF 附近局部放大）

取下坏掉的 SIM 卡卡槽，更换一个新的 SIM 卡卡槽，如图 3-28 所示。

图 3-28 更换新的 SIM 卡卡槽

更换完成后，再次装机插 SIM 卡测试，已有 4G 信号，故障排除。维修到此结束。

3.11　iPhone 7 不能开机、充电没反应故障的维修

故障现象　iPhone 7 边玩游戏边充电，玩了一会儿就不能开机了，充电没反应。

维修过程　拆机，加电测试，发现电流直接达到 5A，电压被拉低了。取出主板发现 M2800（见图 3-29）处烧了一个洞。

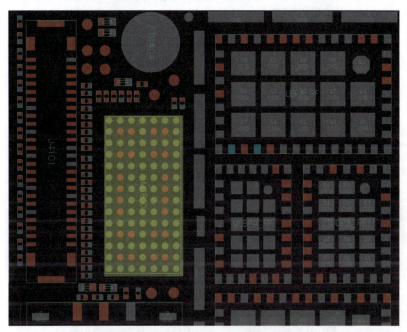

图 3-29　iPhone 7 点位图（M2800 附近局部放大）

查图 3-30，发现 M2800 里面集成了背光、铃声、充电、振动几条高压线路。

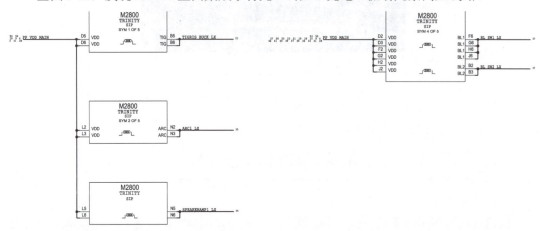

图 3-30　M2800 相关电路图

拆下 M2800 后测试，主板已经不短路了。直接换上一个新的 M2800。由于 M2800 底脚的接地点较多，更换新 M2800 后一定要先测试 M2800 脚位所连的电压是否短路。

若没有新的 M2800，也可使用电感代替。先通过点位图找到几条线路，在 GND 的点涂上绿油绝缘，如图 3-31 所示。

图 3-31　将 GND 的点涂上绿油绝缘

绿油固化后依次根据参数补上电感，如图 3-32 所示。

图 3-32　用电感代替 M2800

补上电感后，测试这些线路的二极体值是否正常。若没有问题，就可加电，电流如也正常，即可装机测试验证各项功能是否都正常。维修到此结束。

3.12　iPhone 7 不定时重启故障的维修

故障现象　手机总是莫名其妙重启。

维修过程　不定时重启有三种可能性：一是电池供电异常；二是 CPU 的 Buck 电路供电异常；三是硬盘工作不稳定。我们逐一排查。

首先直接将手机联机，打开爱思助手，看电池信息，结果完全查不到任何电池信息。这是排查该种故障最简单直观的方式。

从图 3-33 中可以看出，充电管理芯片 U2101 会把电池的信息传递给 CPU，没有电池数据的话，多半是这部分出了问题。

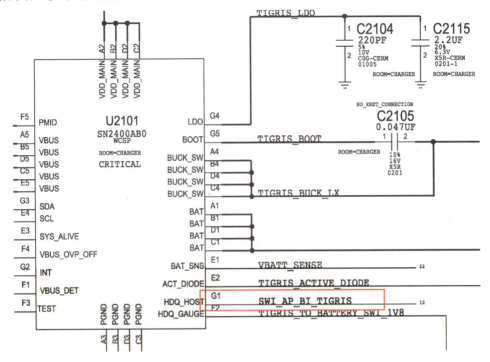

图 3-33 U2101 相关电路图

直接更换充电管理芯片 U2101，如图 3-34 所示。

图 3-34 更换充电管理芯片 U2101

更换后开机联机，从图 3-35 中可以看出，爱思助手中已经显示了"充电次数"、"电池寿命"信息。

图 3-35　爱思助手可以显示"充电次数"和"电池寿命"信息

开机测试，手机功能正常了，没有重启现象。维修到此结束。

3.13　iPhone 7 不能开机，刷机报错"4014"故障的维修

故障现象　手机不能开机，刷机报错"4014"，如图 3-36 所示。

图 3-36　刷机报错"4014"

维修过程　iPhone 7 刷机报错"4014"，有可能是硬盘的问题，也可能是 CPU 的问题，可以根据刷机的进度来判断。

拿到手机后联电脑刷机，看刷机进度条。刷机到恢复模式时，序列号后面显示"无"，显然是没有认出硬盘，如图 3-37 所示。

图 3-37　刷机到恢复模式

拆机取出主板，用风枪取下硬盘。上测试架测试发现读取不到硬盘信息，如图 3-38 所示。

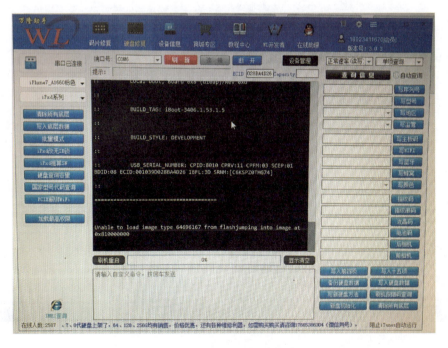

图 3-38　读取不到硬盘信息

判断是硬盘损坏,拆下硬盘(见图 3-39)后更换一个好的硬盘。

图 3-39　拆下硬盘

再次刷机能识别出硬盘,如图 3-40 所示。

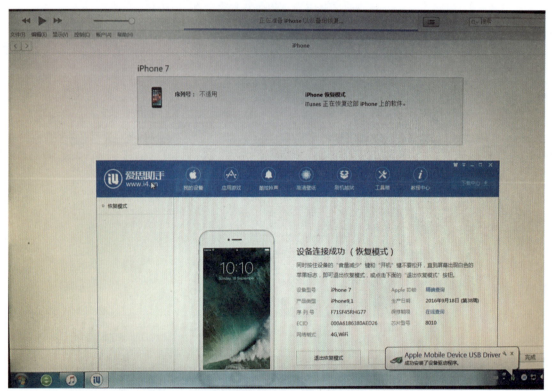

图 3-40　再次刷机能识别出硬盘

刷机也能正常通过，如图 3-41 所示。

图 3-41　刷机正常通过

查询序列号、Wi-Fi、蓝牙地址，然后上测试架将数据写入硬盘。将硬盘装回主板，再次刷机，成功激活。维修到此结束。

3.14　iPhone 7 不认 SIM 卡、不能充电故障的维修

故障现象　客户描述手机信号差，电池电量有时突然变为 1%，在信号比较差的地方显示"无服务"。

维修过程　拿到手机后开机检测，手机不认 SIM 卡，也不能充电，其他功能都正常。

（1）先修不认 SIM 卡故障

拧下两颗螺丝，拆下屏，取出主板查看，发现此机是二修机。SIM 卡卡槽被换过，而且还有一点歪。

用钳子把卡槽剪开，慢慢清理干净，常温拖一遍焊锡。注意不能拖得太干净，要留点焊锡，如图 3-42 所示。

找块拆过硬盘的料板，把料板倒着放来拆卡槽，使用 861 风枪，温度为 400℃，风速为 50，吹卡槽背面，均匀加热，10s 左右，用镊子轻轻取下卡槽。

直接将卡槽放到主板上，加点焊油，风枪用旋风，温度为 320℃，3 挡风速，装好以后插测试 SIM 卡，开机发现有 4G 网络了。

图 3-42　拖焊锡时要留一点焊锡

（2）再修不能充电故障

先找到充电管理芯片，然后一一检测 5V USB 供电、1.8V 待机电压、USB 充电检测、主供电、供电启动、充电降压输出、电池电压检测、充电驱动、CPU 电量检测等电压和信号。

用风枪将充电管理芯片拆下，然后从料板拆下一个好的装上去，经测试还是不能充电。于是把 U2 也一起更换了，如图 3-43 所示。

图 3-43　更换 U2

再次开机测试，发现有充电标志了，也可以充电了。维修到此结束。

3.15　iPhone 7 打不开后置摄像头故障的维修

故障现象　客户描述说，打不开后置摄像头，无法照相。

维修过程　打不开后置摄像头，可以测试一下前置摄像头能否打开，闪光灯能否打开。

前置摄像头和闪光灯有问题，或者是后置摄像头自身的工作条件没被满足都会造成打不开后置摄像头。

开机测试，发现打不开后置摄像头，但可以打开前置摄像头，如图3-44所示。

图3-44　前置摄像头正常

测试闪光灯功能也是正常的，排除前置摄像头和闪光灯的问题。

拆机测量后置摄像头连接座J4501的二极值，发现18脚PP2V9_UT_AVDD_CONN供电（见图3-45）有问题，其二极值为1055，如图3-46所示。

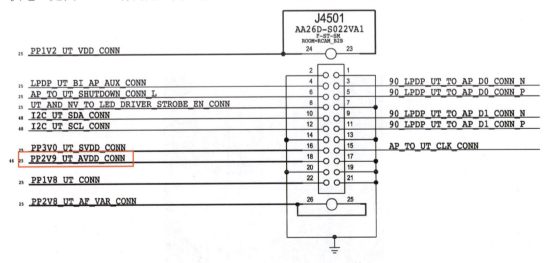

图3-45　J4501电路图

129

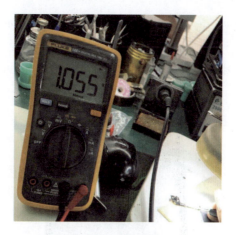

图 3-46　实测 18 脚 PP2V9_UT_AVDD_CONN 供电的二极体值为 1055

此供电是 U2501（见图 3-47）供给的。

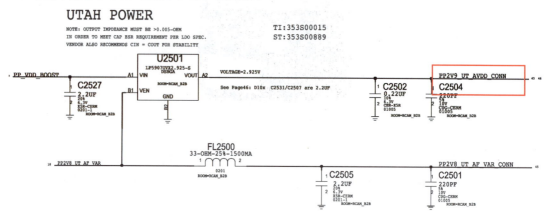

图 3-47　U2501 相关电路

更换一个 U2501，如图 3-48 所示。

图 3-48　更换 U2501

再次测量，此二极体值恢复正常，如图 3-49 所示。

图 3-49　实测 18 脚 PP2V9_UT_AVDD_CONN 供电的二极体值正常

装机测试，后置摄像头恢复正常，照相正常。维修到此结束。

3.16　iPhone 7 进水后不能开机故障的维修

故障现象　手机进水（未修过，拆机风枪吹干），开机卡在苹果图标界面，有时能开机，但会自动关机，主板发烫。

维修过程　修进水的手机，要先检查外观，一般都是进水的地方比较容易出现问题，然后再通过电流判断故障。

通电后没有发现漏电，触发后直接从 200mA 多起跳。这种故障一般是供电短路引起的，也是可以测量出来的，如图 3-50 所示。

图 3-50　故障电流为 200mA 多

主电源输出十几路供电，如图 3-51 所示。通过测量所有供电，基本就可以判断是哪里短路导致的故障。

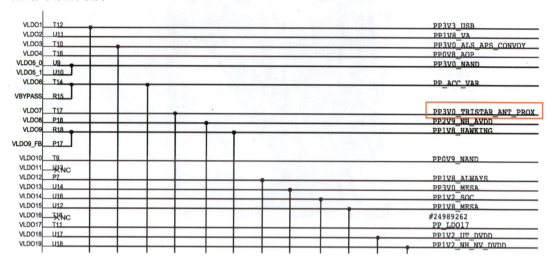

图 3-51　主电源输出十几路供电

当测到 PP3V0_TRISTAR_ANT_PROX 时发现短路了，如图 3-52 所示。

使用 PDF-XChange 软件搜索电路图，发现该供电到了如图 3-53 所示这些地方。

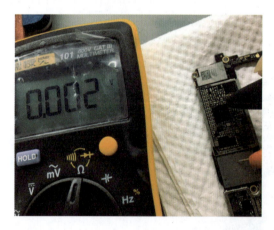 

图 3-52　PP3V0_TRISTAR_ANT_PROX 短路　　图 3-53　用 PDF-XChange 软件搜索电路图

直接就把 USB 芯片取下（见图 3-54），再测二极体值，发现还是短路。

进水的手机还是应该多仔细检查主板外观，而且该手机客户自己拆开处理过，所以更应该继续检查。仔细检查发现 USPDT_RF 芯片损坏了（见图 3-55），猜测很可能是这个芯片导致的 PP3V0_TRISTAR_ANT_PROX 短路。于是，拆掉与 USPDT_RF 芯片相连的电感（图 3-55 中红色圈住的元件），判断是不是电感导致的故障。

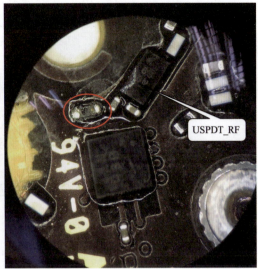

图 3-54　USB 芯片被取下　　　　　图 3-55　USPDT_RF 芯片损坏了

USPDT_RF 相关电路如图 3-56 所示。

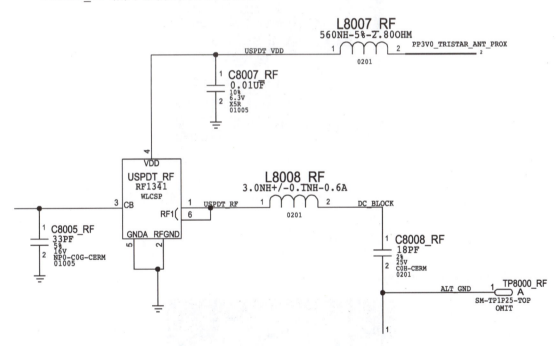

图 3-56　USPDT_RF 相关电路

把这个电感拆了之后发现 PP3V0_TRISTAR_ANT_PROX 的二极体值已经恢复正常了，如图 3-57 所示。

图 3-57　PP3V0_TRISTAR_ANT_PROX 的二极体值已经恢复正常

装上刚开始拆下的 USB 芯片，如图 3-58 所示。

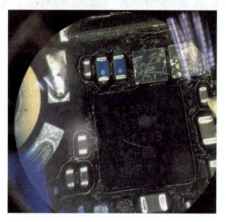

图 3-58　装回 USB 芯片

上电触发，电流正常了，但触发开机后却发现一直卡在显示白苹果图标处，无法进入系统。

触发电流到 2A 又掉到 200mA 就不动了，指纹模块等也已经安装上了，怀疑是音频芯片有问题。

显微镜下观察，果然音频芯片边角损坏了，如图 3-59 所示。

图 3-59　音频芯片边角损坏了

直接更换了一个音频芯片，如图 3-60 所示。

图 3-60　更换音频芯片

再次上电测试，发现很快进系统了。维修到此结束。

3.17　iPhone 7 进水后插 SIM 卡无 4G 信号故障的维修

故障现象　插 SIM 卡后，手机有 2G 信号，没有 4G 信号，如图 3-61 所示。

图 3-61　手机有 2G 信号，没有 4G 信号

维修过程　手机能连接 2G 网络，不能连接 4G 网络，说明 4G 信号部分有问题。手机进水后出现这种故障，判断进水部位在 4G 信号通道。

拆机取出主板，在显微镜下观察，没有发现异常。4G 功放芯片的位置如图 3-62 所示。

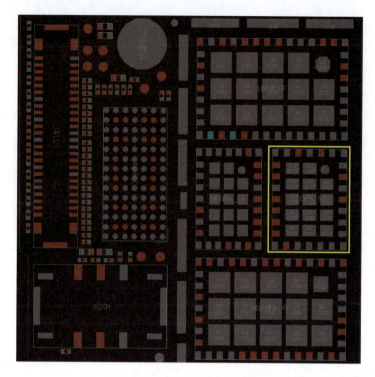

图 3-62　4G 功放芯片的位置

拆下 4G 功放芯片 TDDPA_RF，测量焊盘，发现 11 脚 MLB_PA_VBATT（见图 3-63）的二极体值为无穷大，看来断线了。

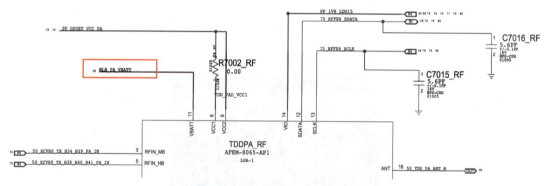

图 3-63　4G 功放芯片 TDDPA_RF 相关电路

查看图 3-64，发现 PP_PA_VBATT 经过 0Ω电阻 R7113_RF 更名为 MLB_PA_VBATT，MLB_PA_VBATT 电压去了 TDDPA_RF（见图 3-63）、MLBPA_RF 芯片。实际主板上并没有安装 MLBPA_RF 芯片。

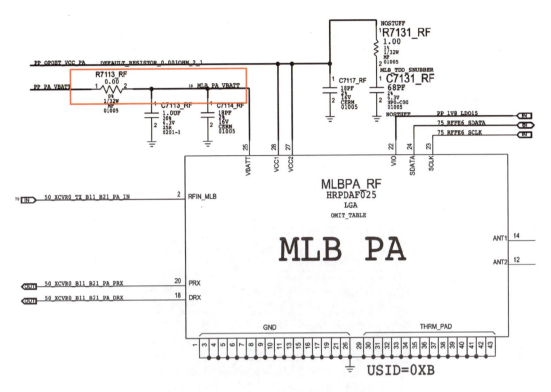

图 3-64　MLBPA_RF 芯片相关电路

在显微镜下观察，发现电阻 R7113_RF 已经被腐蚀了，如图 3-65 所示。这是一个 0Ω 的电阻，所以直接短接，如图 3-66 所示。

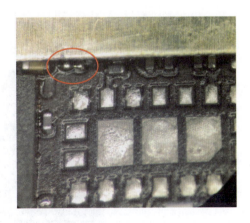

图 3-65　电阻 R7113_RF 被腐蚀　　　　图 3-66　直接短接电阻 R7113_RF 处

开机测试，4G 信号恢复正常。维修到此结束。

3.18　iPhone 7 卡系统，白苹果定屏故障的维修

故障现象　开始是打电话卡死，触摸没反应，初次维修之后，又白苹果定屏。

维修过程　拆开屏幕，加电后，开始还是进系统的正常电流，然后回落定在 100mA，可判断可能是外配和系统有问题。因客户要保留资料，所以先换外配后测试，故障现象依旧。

拆开主板，看到音频芯片已经被动过，留有焊油，周围的电容掉了几个。iPhone 7 音频芯片涉及的故障比较复杂。拆开音频芯片，查看板底，果然掉点严重。根据点位图发现最下面一排和总线有关的点（见图 3-67）也掉了。

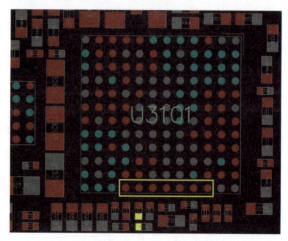

图 3-67　U3101 上和总线有关的点

iPhone 7 开机时，系统会检测音频部分，如果检测不通过，肯定是无法进入系统的。查线路发现这些点和旁边的小元件相连，所以可以直接从小元件上接线。剪掉音频芯片下面的屏蔽罩，方便观察补线的位置（见图 3-68）。

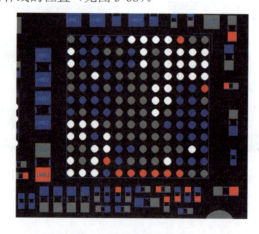

图 3-68　补线的位置

找到相应线路，接线固化（见图 3-69），处理好后对相应的补点进行测试，看是否有短路的。

图 3-69　接线固化

为了一次性解决好问题，决定更换新的音频芯片。装上后待主板冷却后，通过测试周围电容的二极体值来判断芯片是否装好。

先单板加电，发现有开机启动电流，然后装机测试，可正常进系统，拨打电话也没问题。维修到此结束。

3.19　iPhone 7 不能开机故障的维修

故障现象　手机不能开机。

维修过程　首先查看手机外观是否有破损、摔过或进水的情况。这一步非常重要。

拆主板时也一样要仔细检查主板是否被修过、进水或摔过，哪里被腐蚀了，修过的元器件是否被正确安装上了。如有被腐蚀、焊接不好的情况，都要优先处理。

接可调电源后开机，显示电流很大（见图 3-70），这种故障现象被俗称为"开机大短路"。

图 3-70　测开机电流

通过熏松香，快速定位故障点在主电源。有时别的地方短路，也会导致主供电短路，然后引起主电源芯片发烫，所以要再检查有没有其他短路的地方。主电源芯片背面是 CPU A10，拆时操作不当很容易发生鼓包现象。为了保护 CPU，要高温快拆。风枪直风 450℃，五六秒快速取下主电源芯片，如图 3-71 所示。拆除时如果时间超过 10s，肯定会损坏 CPU。

图 3-71 拆下主电源芯片

换上好的主电源芯片后上电，发现还是短路。通过熏松香，找到故障点为 U2710，如图 3-72 所示。

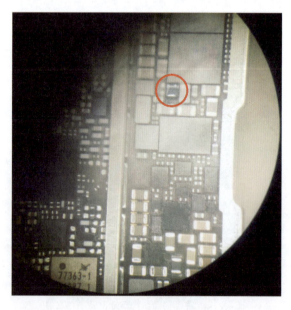

图 3-72 U2710 实物图

U2710 相关电路如图 3-73 所示。

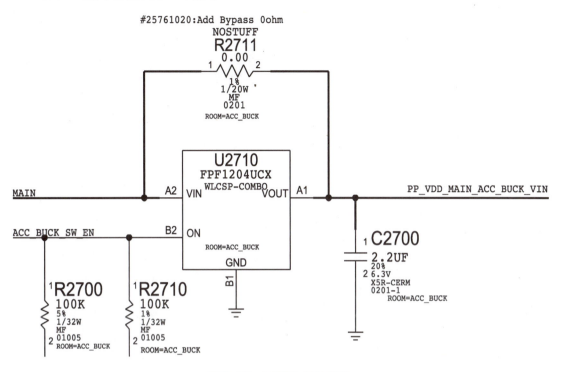

图 3-73　U2710 相关电路

更换一个好的 U2710 后电流正常了,但又出现了新问题,开机无显示了。是不是屏的问题呢?换屏后手机功能正常了。维修到此结束。

从本例中,发现有一部分故障是由外配引起的,所以应优先排除外配引起的故障。

3.20　iPhone 7 无串号且有时白苹果重启故障的维修

故障现象　本机是二修机,偶尔可以开机,但是显示无服务,拨 "*#06#" 不显示串号;"设置"中不显示调制解调固件信息;有时在显示白苹果图标时重启。

维修过程　拆开主板,发现基带电源芯片被换过。基带电源芯片相关电路如图 3-74 所示。

测了一遍基带电路。iPhone 7/7P 的基带 CPU 容易被烧坏。在确定基带 CPU 没有损坏的情况下,先把之前同行处理过的基带电源芯片拆下来,清理好焊盘后测一遍二极体值,没有发现异常。

iPhone 7/7P 的主板有两个版本:采用高通基带 CPU 的和采用 Intel 基带 CPU 的。高通基带 CPU 搭配的基带电源芯片比 Intel 基带 CPU 搭配的基带电源芯片尺寸小一点。很多手机在更换基带电源芯片后可以使用一段时间,然后会再出现无服务或者白苹果无限重启的现象。

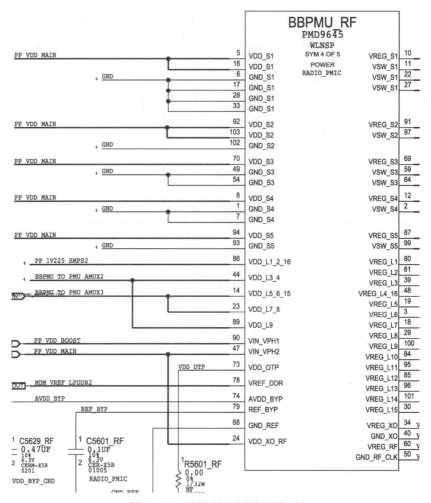

图 3-74　基带电源芯片相关电路

拆出主板测基带线路。如果 S5 短路或者其他基带线路短路，则基带 CPU 损坏的概率很大。图 3-75 中黄圈的 4 个接地点看似很普通，却是引起问题的源头。

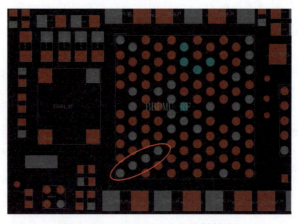

图 3-75　BBPMU_RF 的接地点

采用高通基带 CPU 的 iPhone 7，基带电源芯片这 4 个接地点虚焊会导致基带供电部分不能成回路，将电压直接给了基带 CPU，电压过高使基带 CPU 内部被烧坏。在显微镜下观察，发现这 4 个点没有被上家做过任何处理，于是把它们串联起来，如图 3-76 所示。

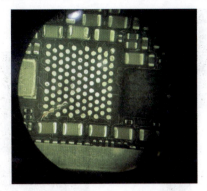

图 3-76　串联 4 个接地点

装上基带电源芯片，然后刷机，测试功能，手机功能正常了。维修到此结束。

目前已经这么维修过几台使用高通基带的手机，实践证明用这种方法处理没有什么问题。同时建议维修同行，更换新的基带电源芯片时，若测试基带线路没有问题，则可以先把这 4 个接地点串联起来，以避免基带 CPU 内部被烧坏。

3.21　iPhone 7 扩容后显示无服务故障的维修

故障现象　客户描述说手机硬盘扩容使用一天之后出现无服务的现象。

维修过程　扩容后出现无服务，可能是能识别出基带版本，但插 SIM 卡无服务；也可能是识别不出基带版本。

测试发现，在"关于本机"里，"调制解调器固件"后面是空白的，识别不出基带版本，如图 3-77 示。

图 3-77　"调制解调器固件"后面是空白的

143

拆开手机拿下主板，开机测量基带电源，发现电压接近 0，如图 3-78 示。

难道基带电源芯片损坏了？用风枪拆下基带电源芯片，处理好焊盘（见图 3-79），顺便把焊盘的 98 脚（接地脚）加固一下，以避免断线造成基带短路。

图 3-78　测量基带电源的电压接近 0

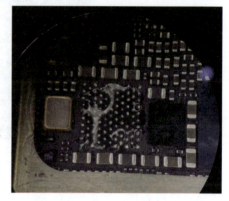
图 3-79　处理焊盘

用风枪装回芯片，如图 3-80 所示。

接电测试，供电恢复正常，如图 3-81 所示。

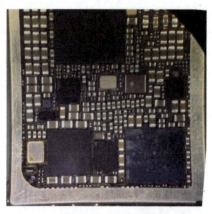
图 3-80　装回芯片

图 3-81　供电正常

装机测试，基带恢复正常，手机功能正常。维修到此结束。

3.22　iPhone 7 屏幕无显示故障的维修

故障现象　手机能进系统，可听到短信声音，屏幕无显示。

维修过程　接可调电源，显示电流正常，连接电脑也有反应，如图 3-82 所示。

图 3-82　手机连接电脑

拆下主板，测量显示电路工作需要的基本条件，如图 3-83 所示。

图 3-83　测量显示电路工作需要的基本条件

测量到显示触摸连接座（J4502）第 7 脚 PP_1V8 显示屏供电时，发现其二极体值为无穷大，故障找到了。该供电由 PP_1V8 经电感 FL3906 转换改名为 PP1V8_LCM_CONN 而来，如图 3-84 所示。测量电感一端二极体值正常，另一端二极体值为无穷大，判断 FL3906 损坏了。

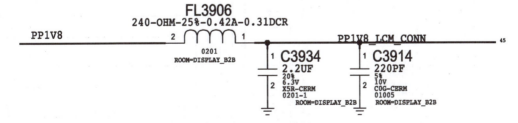

图 3-84　FL3906 电路图

飞线直连后测试，手机正常了。维修到此结束。

3.23　iPhone 7 刷机报错"4013"故障的维修

故障现象　客户描述自己刷机后进入了 iTunes 模式，报错"4013"。

维修过程　询问得知，是因为手机时而没信号所以才刷机的。iPhone 7 刷机前要先检测基带部分，若基带部分有问题是不可以刷机的，因为会报错（刷机出进度条时，报错"4013"；进度条走到 60%或 80%位置时，报错"-1"）。

通过报错"4013"得知是基带部分有问题。由于手机处于恢复模式，所以无法测量电压，只能先单板测试基带各路供电的二极体值有无异常。

可根据图 3-85、图 3-86 精准地找到各条线路的测试点，从而根据图 3-87 找到相应的元器件进行测试。

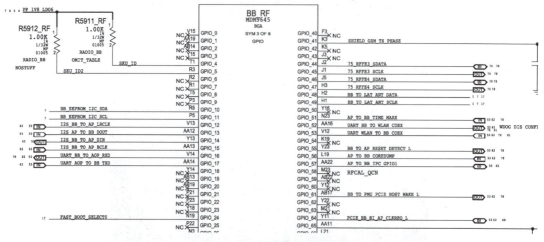

图 3-85　基带的供电电路

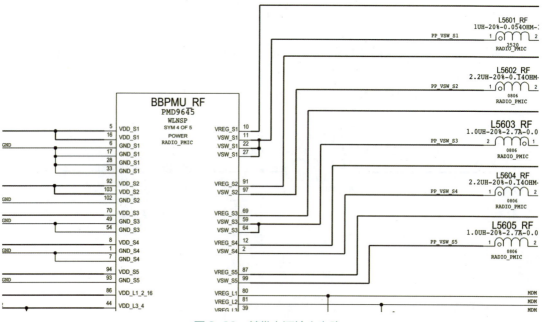

图 3-86　基带电源输出电路

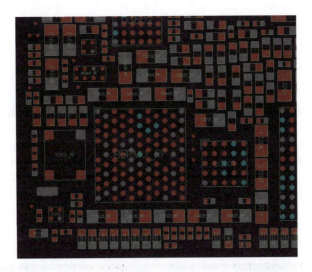

图 3-87　iPhone 7 点位图（BBPMU_RF 附近局部放大）

经测试，PP_VSW_S4 的二极体值只有 45，正常应该是 500 多。

这条线路通主电源芯片、基带电源芯片、小射频芯片、大射频芯片。能正常联机的手机不用考虑主电源是否有问题，可先把基带电源拆下来测量。如果测得基带电源芯片的二极体值不正常，可将大射频芯片拆下（见图 3-88）测二极体值。本机先拆下基带电源芯片，发现二极体值依旧很小，再拆下大射频芯片后，二极体值恢复正常。

图 3-88　拆掉大射频芯片

更换新的基带电源芯片和大射频芯片,刷机顺利通过,插上 SIM 卡后测试,手机功能均正常。维修到此结束。

iPhone 7 刷机报错"4013",是由大射频芯片本身损坏导致基带电源线路 S4 短路,造成工作条件不满足所引起的。

iPhone 7 和 iPhone 7 Plus 基带出问题的比较多,遇到时一定要先测试线路。

3.24　iPhone 7 被摔且进水后不能开机故障的维修

故障现象　iPhone 7 被摔且进过后不能开机。

维修过程　接可调电源发现手机严重短路,一定是主供电短路了。用手摸了摸,发现 CPU 附近很烫,熏松香后判断 C3313(见图 3-89)短路。

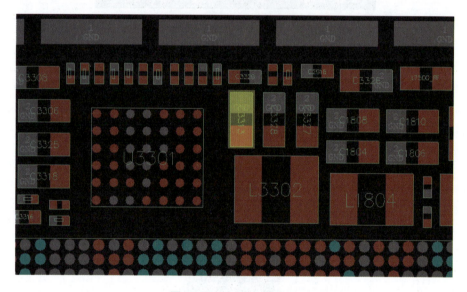

图 3-89　C3313 的位置

再接可调电源测试已经不短路了,但电流从 300mA 起跳。电流从 200～300mA 起跳,大多是 3V 供电有问题,于是逐一排查指南针 3V、感光感距 3V 和指纹 3V,检查有没有电压,测量附近电感、电容二极体值大小。如果二极体值为无穷大,那就是断线了,看看能不能飞线;如果为 0,那就是短路了,那就得好好查一查了。

通过测二极体值没有查到故障点,再认真查看一下主板,发现 L1809 摔裂了。更换一个好的 L1809(见图 3-90),再上电,电流还是从 300mA 起跳。

是不是还有别的 3V 供电不正常呢?U2 也有一个 3V 供电,如图 3-91 所示。一查果然该 3V 供电没有输出。找了一个好的 U2 换上。

图 3-90 更换 L1809

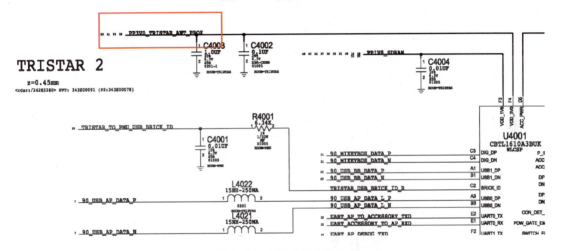

图 3-91 U2 的 3V 供电

上电测试,手机功能均正常。维修到此结束。

3.25 iPhone 7 摔后反复重启故障的维修

故障现象 iPhone 7 被摔之后使用过程中不定时重启。

维修过程 手机不定时重启常见问题有以下几种可能性:

(1) 电池供电异常;

(2) CPU 的 Buck 电路供电异常;

(3) 硬盘工作不稳定。

我们逐一来排查。

手机联机,爱思助手能正常显示电池数据。先更换电池,但更换后手机依然会重启。

接下来排查 CPU 的 Buck 供电电路,由图 3-92 可知,CPU 的 Buck 电路都与电感相连。本机故障可能是摔过之后电感虚连导致的。

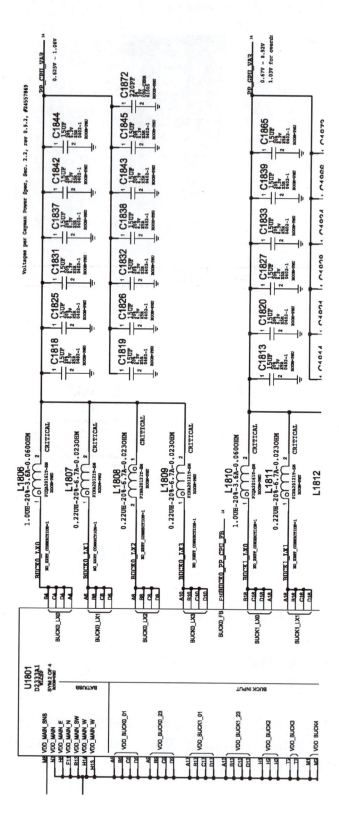

图 3-92 CPU 的 Buck 供电电路

用刮胶的方式来排查一下。刮胶时果然自动脱落了几个电感。更换电感,如图 3-93 所示。

图 3-93　更换电感

装机测试两天,手机功能均正常。维修到此结束。

3.26　iPhone 7 无服务故障的维修

故障现象　接修一台 iPhone 7,客户描述故障为手机无服务。

维修过程　iPhone 7 无服务故障,一般是基带通病问题、S 电压短路或者 LDO 电压短路引起的。经过拆机测量,发现 S 电压与 LOD 电压都没有短路,最后检查到射频部分,发现小射频芯片旁边 C6003_RF 电容(见图 3-94)一端的二极体值只有 22。

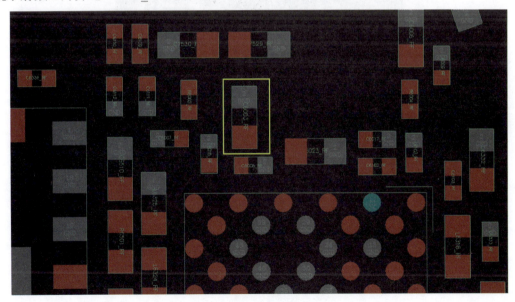

图 3-94　iPhone 7 点位图(C6003_RF 附近局部放大)

这端和大射频芯片和基带电源芯片都相连。拆下基带电源芯片(见图 3-95),再测量 C6003_RF 一端的二极体值依然没变。

图 3-95　拆下基带电源芯片

接着再拆下小射频芯片（见图 3-96），测量二极体值正常了。

图 3-96　拆下小射频芯片

更换小射频芯片，装机测试信号正常了。维修到此结束。

3.27　iPhone 7 无基带故障的维修

故障现象　手机不显示"调制解调器固件"信息（见图 3-97），插 SIM 卡提示"无服务"。

图 3-97 不显示"调制解调器固件"信息

维修过程 判断为基带故障。拆下主板，测量基带电源输出所有 LDO 和 S1～S5 供电滤波电容和电感的二极体值发现没有问题，怀疑是基带电源芯片（见图 3-98）接地的 93 脚位和 98 脚位似短非短。

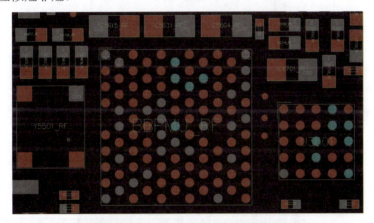

图 3-98 iPhone 7 点位图（BBPMU_RF 附近局部放大）

取下基带电源芯片，给其飞线，如图 3-99 所示。

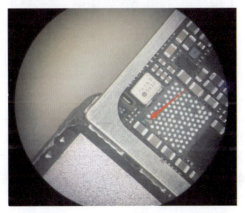

图 3-99 给基带电源芯片飞线

装回基带电源芯片，装机测试，进入系统后能看到基带固件，也有串号。维修到此结束。

3.28　iPhone 7 显示"正在搜索"，无法激活故障的维修

故障现象　iPhone 7 显示"正在搜索"，无法激活。

维修过程　手机开机，屏幕只显示序列号，如图 3-100 所示。

图 3-100　显示序列号

屏幕左上角显示"正在搜索"，无法激活手机，如图 3-101 所示。

图 3-101　无法激活手机

遇到这种情况一般先测二极体值，看 S5 和 LDO9 是否短路。如果有一路以上短路，可能是基带 CPU 坏了，基本就没法维修了。只有一路短路，可以加个 2.2kΩ 上拉电阻尝试一下。本机测得 S5 和 LDO9 的二极体值都正常，所以尝试先重植基带电源芯片，如图 3-102 所示。

154

图 3-102　重植基带电源芯片

顺便把基带电源芯片的 98 脚接地脚加固一下。重植后装机、刷机测试，顺利激活手机，测试各项功能均正常。维修到此结束。

3.29　iPhone 7 小电流不能开机故障的维修

故障现象　iPhone 7 小电流不能开机。

维修过程　接可调电源，上电触发后电流定在 50mA，有可能是不认硬盘而进入了 DFU 模式。扣上尾插排线（见图 3-103）连接电脑，手机没有任何反应。

图 3-103　扣上尾插排线

仔细观察主板，发现 CPU 屏蔽罩右上角有裂开的痕迹，如图 3-104 所示。

图 3-104　CPU 屏蔽罩有裂开的痕迹

先拆下屏蔽罩，然后拆下怀疑损坏的电感（见图 3-105）。

图 3-105　拆下怀疑损坏的电感

处理好焊盘后更换电感，如图 3-106 所示。

图 3-106　更换电感

装机后手机能开机了，测试手机所有功能均正常。维修到此结束。

3.30 iPhone 7 被摔后不能开机故障的维修

故障现象 下车的时候手机掉地下，之后就不能开机了。

维修过程 维修不能开机的故障，第一步就是接可调电源，通过可调电源的跳变来判断故障大概位置。

接可调电源，没发现手机短路或者漏电；触发开机后，可调电源电流瞬间到 1.29A，如图 3-107 所示。这基本可以判定是硬盘或者 CPU 的 Buck 电路有问题。马上断电，避免持续加电烧毁核心部件。

图 3-107　触发电流到 1.29A

优先排查硬盘供电。iPhone 7 硬盘有 3V 供电、1.8V 供电、0.9V 供电，逐一测量，结果发现 3V 供电短路。

在图 3-108 中可以看出，3V 供电与很多元件相连，该怎么判断哪个是故障元件呢？

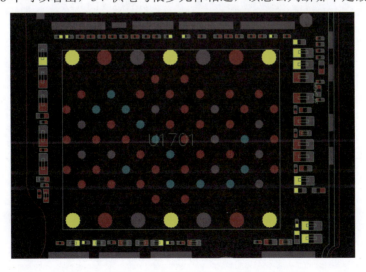

图 3-108　iPhone 7 点位图（U1701 局部放大）

既然是短路，就熏松香，可看到一个滤波电容处松香熔化了。取下该滤波电容（见图 3-109）后测量 3V 供电不短路了。

图 3-109　取下故障电容

装机后触发手机，可正常开机。维修到此结束。

3.31　iPhone 7 被摔后打不开 Wi-Fi 故障的维修

故障现象　手机被摔后打不开 Wi-Fi。

维修过程　此手机是一位同行老客户送修的。拆机查看主板没被动过。iPhone 6s 以后的手机，Wi-Fi 是和硬盘绑定的。由于是摔过的手机，先不考虑拆硬盘，做好保护，拆下 Wi-Fi 芯片。

因为 CPU 在 Wi-Fi 芯片背面，应先做好 CPU 散热，避免拆 Wi-Fi 芯片时影响到 CPU，使 CPU 虚焊，所以用湿巾在 CPU 位置缠了两圈，然后用锡箔纸又缠了几圈。这样保护后基本上没有发生过拆 Wi-Fi 芯片导致 CPU 虚焊的情况。

拆下 Wi-Fi 芯片之后，发现掉了两个有用点，如图 3-110 所示。

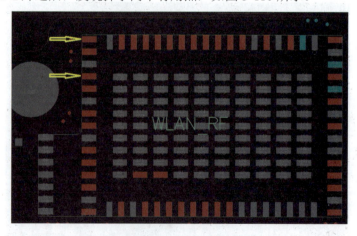

图 3-110　焊盘掉点在点位图中的位置

左侧 19、22 脚直接掉了，又发现 20 脚也快掉了。19、20 脚在左侧都能找到相连的点，补线即可，22 脚要从 C0811 上面飞线，如图 3-111 所示。

图 3-111　22 脚从 C0811 上面飞线

补好线并固化完成，最后测一遍底脚的二极体值，确定正常后装上 Wi-Fi 芯片。装好后一定要先用可调电源加电，看看有没有短路之处。Wi-Fi 总线短路是可能烧坏 CPU 的。加电试机没问题，装入机壳进行测试，Wi-Fi 功能正常了。维修到此结束。

3.32　iPhone 7 被摔后无送话、无法录音故障的维修

故障现象　客户描述说手机被摔后打电话时对方听不到声音。开机检测，发现可以打开录音界面，但录不进声音。

维修过程　根据经验判断问题出现在音频处理芯片 U3101。U3101 负责录音及打电话，将信号处理后分别给到 CPU、基带 CPU。因为手机被摔过，所以考虑 U3101 可能有掉点。拆掉 U3101，如图 3-112 所示。

图 3-112　拆掉 U3101

处理好主板后,发现 U3101 的焊盘确实有掉点,如图 3-113 所示。

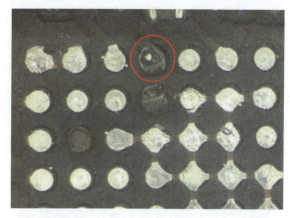

图 3-113　U3101 的焊盘有掉点

查看图 3-114,显示此点与 PP1.8_SDRAM 供电相连。该供电点掉点的话,会导致录音和打电话功能不正常。

图 3-114　PP1.8_SDRAM 供电与音频 U3101 相连

植锡补点,装回 U3101,测试正常。维修到此结束。

3.33　iPhone 7 指纹键无法返回功能故障的维修

故障现象　客户描述说,手机按指纹键没有返回功能。

维修过程　首先检查指纹功能是否正常,看是不是没有识别出指纹才造成的没有返回功能。

测试可以识别出指纹,录入指纹也正常,如图 3-115 所示。

图 3-115　测试指纹功能正常

接下来考虑是不是指纹排线断线造成的不能返回。拆开手机，查看指纹按键发现有维修过的痕迹，没有装指纹键上的 U10 压感芯片，如图 3-116 所示。

图 3-116　没装 U10 压感芯片

处理好焊盘，补回掉的电容，在漏铜的地方补上绿油固化，如图 3-117 所示。

图 3-117　处理焊盘并绿油固化

装回一个好的 U10 压感芯片，如图 3-118 所示。

图 3-118　更换 U10 压感芯片

装机测试，开机返回功能恢复正常，其他功能也正常。维修到此结束。

第 4 章　iPhone 7 Plus 维修实例

4.1　iPhone 7 Plus 开机卡白苹果，无振动功能故障的维修

故障现象　开机卡白苹果，无法进入系统。

维修过程　根据以往的维修经验，音频芯片底部焊盘掉点会导致开机卡白苹果无法进入系统。直接将音频芯片拆下，处理完焊盘，发现有掉点，如图4-1所示。

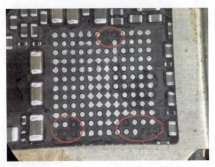

图 4-1　音频芯片底部的焊盘掉点

打开"鑫智造"，对照点位图发现掉的点都是接地点和空点，即图4-2中的灰色点和深青色点。

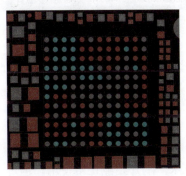

图 4-2　点位图中灰色点是接地点，深青色点是空点

装回音频芯片，手机可正常进入系统，但测试功能时发现振动功能失效。再次观察主板，发现 M2800 复合电感被烧烂一个脚，如图 4-3 所示。

图 4-3　M2800 复合电感被烧烂一个脚

拆下 M2800，如图 4-4 所示。

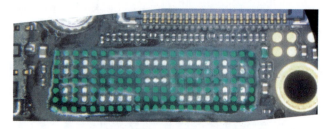

图 4-4　拆下 M2800

由于手头没有 M2800，所以用单独的电感代替 M2800，如图 4-5 所示。

图 4-5　用单独的电感代替 M2800

进系统测试，振动功能正常了，也无其他问题。维修到此结束。

4.2　iPhone 7 Plus 进水后开机卡白苹果重启，刷机报错 "9" 故障的维修

故障现象　手机进过一点水，刚开始能正常使用，但过了一天后开机一直卡白苹果重启，进不了系统。进水后曾维修过，但没有修好。

维修过程 首先开机检测，故障同客户描述的一样。刷机时发现报错"9"（进度条闪一下就报错了），如图 4-6 所示。

图 4-6 刷机报错"9"

iPhone 6s 以后的机型刷机报错"9"一般是硬盘、逻辑码片有问题。测硬盘供电 3V、1.8V、0.9V 都正常，查看发现上家也没动过硬盘、逻辑码片，倒是动过基带部分。

直接更换新硬盘，刷机还是报错"9"，那可能就是逻辑码片的问题了。直接换码片，将码片换好之后还是一样报错"9"。忽然想到与逻辑码片相连的两个电阻阻值出现偏差过大时也会报错，那就把这两个电阻也换了试试。将逻辑码片和相连电阻全部取下并换掉，如图 4-7、图 4-8 所示。

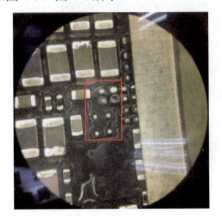 

图 4-7 拆下逻辑码片和相连电阻　　　　　图 4-8 更换新码片和相连电阻

换好之后再重新刷机，已经开始走进度条了。基带部分没问题的话，那么本机基本已经被修复了。果然，顺利完成刷机。维修到此结束。

4.3 iPhone 7 Plus 开机卡系统故障的维修

故障现象 输入密码后会卡住，等很久才进主页面。

维修过程 遇到过 iPhone 7 及以上机型不安装指纹排线或者前置摄像头排线导致无法进入系统的，更换外配后，故障依旧。

iPhone 7 Plus 音频故障也会导致卡机。经过测试发现，本机偶尔会有打不开 Wi-Fi 的情况，可能是 Wi-Fi 故障使系统卡顿，所以决定先从 Wi-Fi 部分着手维修。

在 iPhone 7 Plus 中，因为 Wi-Fi 芯片背面离 CPU 很近，所以拆 Wi-Fi 芯片还是有一定风险的。拆 Wi-Fi 芯片时，先预热把边胶除去，再用大风口的风枪快速取下芯片。因为更换新 Wi-Fi 芯片后还需要拆硬盘解绑，所以可以趁主板还有余温的时候拆出硬盘。拆下 Wi-Fi 芯片和硬盘的主板（局部）如图 4-9 所示。

图 4-9　拆下 Wi-Fi 芯片和硬盘主板（局部）

清理好主板，先测 Wi-Fi 芯片底脚的二极体值。如果二极体值正常，则解绑硬盘、更换新 Wi-Fi 芯片即可。测量时发现 Wi-Fi 芯片左上角的 17 脚（见图 4-10）的二极体值为无穷大。

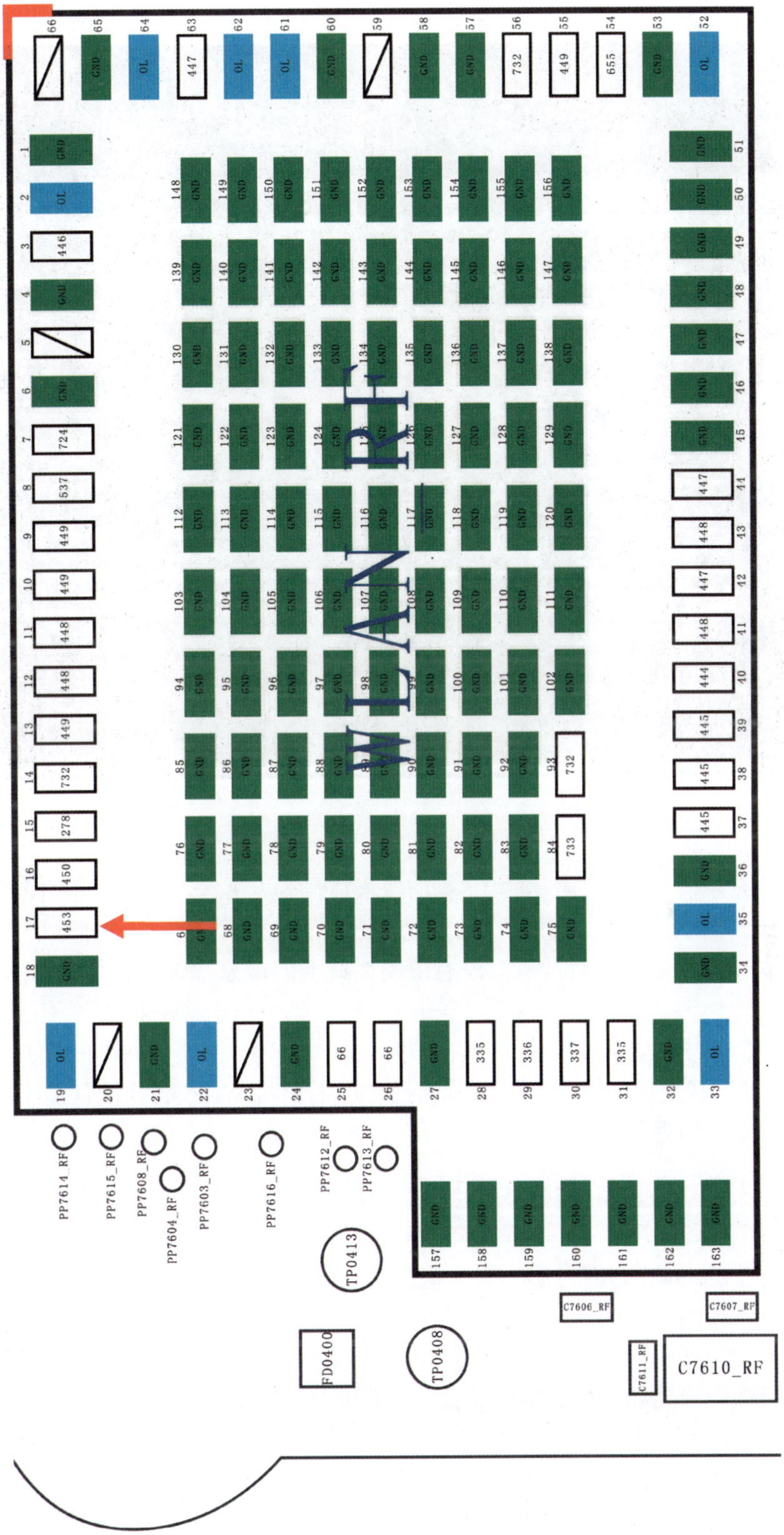

图 4-10 Wi-Fi 芯片的 17 脚的位置

打开"鑫智造",查看点位图,得知此脚与电源上面一个小电阻相连,如图 4-11 所示。

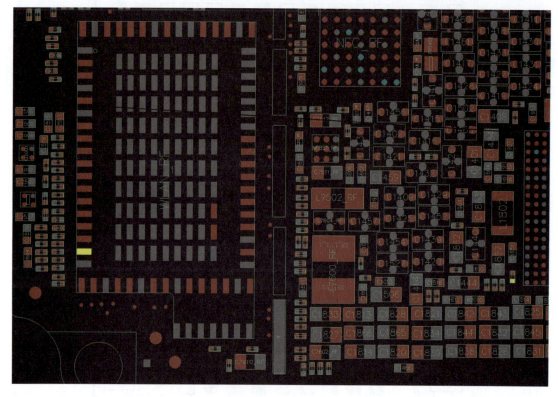

图 4-11 点位图显示 Wi-Fi 芯片的 17 脚与电源上面一个小电阻相连

测该电阻有阻值,Wi-Fi 芯片的 17 脚的二极体值为无穷大,说明板层有断线。从电阻上飞线到 Wi-Fi 芯片的 17 脚,并用绿油固化,避免线头脱落。

装上 Wi-Fi 芯片和硬盘后试机,没有出现系统卡的现象,Wi-Fi 功能正常。维修到此结束。

若遇到类似系统卡、时而打不开 Wi-Fi 的故障时,可以先拆除 Wi-Fi 芯片,测试焊盘的二极体值,如发现主板断路,通过飞线即可修复。若原机 Wi-Fi 芯片没有损坏,重装 Wi-Fi 芯片即可,可以不用拆硬盘。

4.4 iPhone 7 Plus 开机一直卡白苹果重启故障的维修

故障现象 iPhone 7 Plus 开机一直卡白苹果重启,进不了系统。

维修过程 如果 iPhone 7 Plus 使用的是 iOS 11 系统,出现这种故障的原因大部分是基带的问题。一般情况下,出现这种故障的原因是基带、系统程序、硬盘、电池供电等的问题。

根据客户故障描述和以往的维修经验,判断很有可能是基带的问题。

直接拆机,取出主板,拆掉 CPU 屏蔽罩,测量基带 S1 到 S5 供电(见图 4-12),发现基带 S1 到 S5 供电的二极体值都正常。接电触发开机,测 S1 到 S5 供电有没有电压输出(供电测量都正常),不经意间发现测量基带 S1 到 S5 供电的这段时间,主板电流已经跳变到

1A 以上了，没有发生重启的情况。

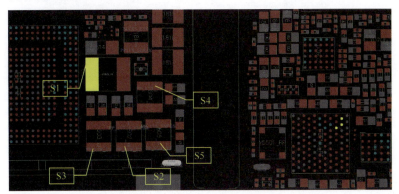

图 4-12　基带 S1 到 S5 供电的位置（点位图）

像这种情况，说明有两种可能：
（1）故障和手机的外配有关；
（2）手机板层有虚焊或者断线。

把主板装回手机，并且把所有外配都装好，再开机发现还是卡白苹果重启。

现在基本可以确定是外配的问题。把电池换成可调电源，再次开机测试，故障依旧。把尾插排线拆掉，手机不卡白苹果界面了，等了半分钟左右进系统了；把尾插装回，再次测试，手机又卡白苹果了。现在可以确定是尾插的问题。更换一个尾插，装机测试，手机功能正常。维修到此结束。

这次修机之所以耗费时比较长，就是因为自以为是，没有从外配查起，所以提醒同行们，拿到手机应先从外配排查，能少走很多弯路。

4.5　iPhone 7 Plus 不能充电故障的维修

故障现象　客户在闲鱼低价淘了一部 iPhone 7 Plus（128GB），用了几天之后发现不能充电了，后来又不能开机了。插入充电线，显示充电电流为 0，如图 4-13 所示。

图 4-13　显示充电电流为 0

维修过程　充电电路是充电线通过尾插将 5V 的供电传递给充电管理芯片，同时传递给 USB 管理芯片，然后 USB 管理芯片验证 5V 之后给充电芯片开启信号，充电芯片开始给电池充电。既然知道这样一个过程，我们逐一排查。

拆机，取出主板，发现充电电路被维修过，如图 4-14 所示。

图 4-14 充电电路有被维修过的痕迹

充电 5V 供电通往 USB 管理芯片的转换管 Q4001。Q4001 的位置如图 4-15 所示。接下来一步一步测量。

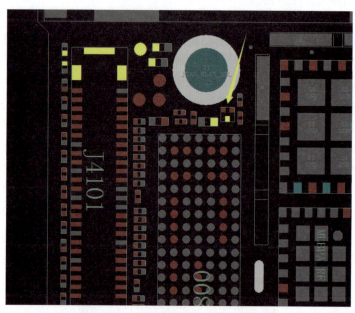

图 4-15 Q4001 的位置（点位图）

测量 PP5V0_USB，这是插入数据线，然后尾插直接输出给充电芯片和 USB 芯片的 5V 供电。由于供电给 USB 管理芯片的 5V 是通过 Q4001 转换而来的，所以，接下来再测量 USB 管理芯片有没有 5V 供电 PP5V0_USB。PP5V0_USB 的位置如图 4-16 所示。

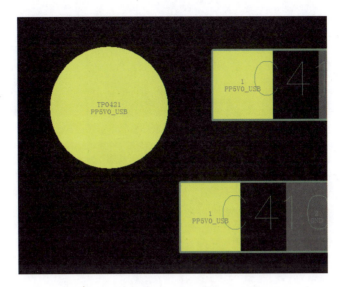

图 4-16　PP5V0_USB 的位置（点位图）

测量电容 C4006（见图 4-17），发现没有 5V 供电，问题找到了。根据之前的维修痕迹一起分析，问题多半就出在转换管 Q4001 上。

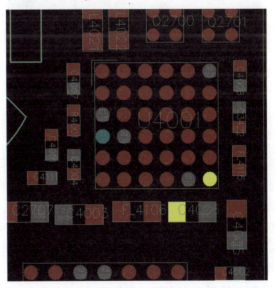

图 4-17　电容 C4006 的位置（点位图）

找到问题了，难道就要更换 Q4001 吗？本着能用烙铁解决的问题，就不动用风枪的原则，把对手机主板的伤害降到最低。知道了此处的工作原理，就是 USB 管理芯片是要验证充电的 5V 供电而已，可以直接人为飞线过去，搭建一个通道送 5V 供电给 USB 管理芯片去验证即可。飞线效果如图 4-18 所示。

图 4-18 飞线图

装机测试，充电电流正常了，如图 4-19 所示。维修到此结束。

图 4-19 充电电流正常了

4.6　iPhone 7 Plus 不能充电、无声音故障的维修

故障现象　手机被摔过，不能照相，声音时有时无，听筒无声，不能充电。

维修过程　手机看似毛病很多，但是也要逐一排查。

首先解决充电的问题。接上充电线之后，发现的确不能充电。将手机连接电脑，发现电脑也认不出手机，由此可以基本确定是 USB 管理芯片有问题。

拆下 USB 管理芯片，测量焊盘焊点的二极体值，发现其 C3 脚的二极体值为无穷大。该信号点通过电阻 R3104 连接到音频芯片，如图 4-20 所示。

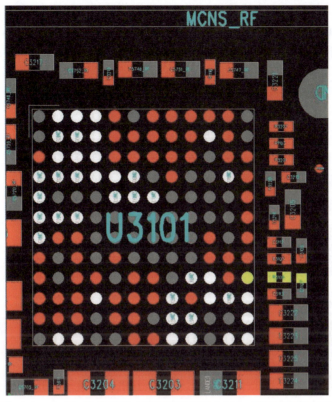

图 4-20　USB 管理芯片 C3 脚通过电阻 R3104 连接到音频芯片

这样分析故障有三种原因：
（1）电阻 R3104 损坏；
（2）主板掉点断线；
（3）音频芯片损坏。
拆掉音频芯片，发现焊盘掉点断线了，如图 4-21 所示。

图 4-21　音频芯片焊盘掉点断线

将音频芯片的焊盘掉点飞线补好，顺便更换音频芯片。再测USB管理芯片C3脚的二极体值已经是480，正常了。

装上USB管理芯片，插上充电器，显示充电电流是1.13A，如图4-22所示，充电正常了。

图4-22　充电电流是1.13A

由于音频芯片掉点断线，补点并更换音频芯片之后，音频也正常了，还剩下摄像问题。

客户说手机被摔过，观察手机发现后置摄像头严重变形。直接更换后置摄像头后，后置摄像头能正常打开。维修到此结束。

4.7　iPhone 7 Plus 不能开机、不能充电故障的维修

故障现象　开机后电流从193mA起跳，不能开机，不能充电。

维修过程　插充电线没有一点电流，也不能开机。把盖子拆开，用可调电源上电，按开关键后，电流直接达到193mA，电流起跳定住不动。该电流值和USB损坏的电流值很相近，所以首先拆下主板检查USB管理芯片。

拆下后，果然发现USB管理芯片被动过，如图4-23所示。

图4-23　发现USB管理芯片被动过

经简单测量发现在USB管理芯片旁边有个电容短路了。查图4-24，得知该电容是C4003。C4003是USB的3V供电PP3V0_TRISTAR_ANT_PROX的滤波电容。

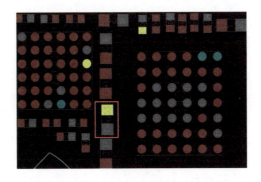

图 4-24　C4003 的位置（点位图）

USB 管理芯片已经被更换过，为什么没被修好呢？直接把 USB 管理芯片取下再上电，电流正常起跳开机了。换一个 USB 管理芯片上去，插电显示充电图标，但充电电流为 0，如图 4-25 所示。

图 4-25　充电电流为 0

仔细观察发现，尾插 J4101（见图 4-26 和图 4-27）有一端已经裂开了，充电线没接触上 5V 充电电压脚，导致不充电。

图 4-26　J4101 的点位图

图 4-27　J4101 的实物图

应该是上家扣尾插的时候没对准给扣裂了。更换 J4101，再次插电，手机正常开机，已经有充电电流，装机进系统测试，手机功能正常。维修到此结束。

4.8　iPhone 7 Plus 不能开机故障的维修

故障现象　iPhone 7 Plus 不能开机。

维修过程　首先插充电线测了一下充电电流，发现电流在 200mA 左右跳变，定不住，接数据线连电脑也是不能联机、不能开机。接下来拆机检测，把主板拆出来，将电池座上扣上开机线，电流表显示没有电流，证明不漏电。再触发开机，发现有大电流，电流达到了 1.9A，明显存在短路故障。接下来就简单了，使用"熏松香法"，加电后马上就发现主电源芯片短路了，如图 4-28 所示。

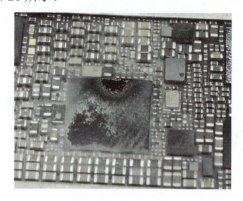

图 4-28　电源芯片上的松香已熔化

看到这样心里一凉，难道主电源芯片坏了？打开点位图，发现松香熔化的位置正好是硬盘的供电，如图 4-29 所示。经测量，再次确认了确实是硬盘的供电短路了。

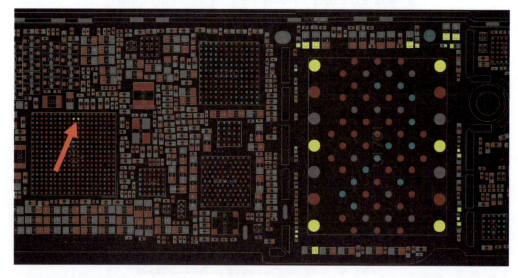

图 4-29　硬盘供电连接点（点位图）

既然是硬盘的供电短路了，那就先把硬盘周围与这个供电相连的电容都除胶，然后熏上松香，稳压电源调到 3V，将电压直接输入到这一路供电上，又发现有个电容上的松香马上熔化了，直接用镊子把它撬掉了，如图 4-30 所示。这个电容的位置如图 4-31 所示。

图 4-30　撬掉短路的电容

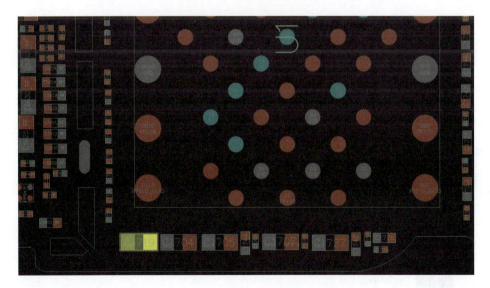

图 4-31　短路的电容的位置（点位图）

再测一下硬盘供电，已经不短路了。由于是短路的故障，电池的电早已被放光了，放到激活板上加点电，加了一会儿后，装上就可以开机了，补上电容，测试手机功能正常。维修到此结束。

这个故障提醒我们，维修时要注意一点，并不一定是哪里发热就哪里有问题。像这部手机，估计很多新手会去换主电源芯片了。我们可以用点位图看一下发热点连到了哪里，再测一下对应位置的供电是否短路。这种用电设备短路导致电源芯片发烫的故障很多。

4.9 iPhone 7 Plus 扩容又进水后不能开机故障的维修

故障现象 一台 iPhone 7 Plus 扩容机使用中进水后，正常使用一周后不能开机了。

维修过程 拆机，接可调电源，显示开机电流达到 3.486A，如图 4-32 所示，明显是主板"大短路"故障。

图 4-32　显示开机电流达到 3.486A

检查主板，发现主供电滤波电容已经被腐蚀了，如图 4-33 所示。把腐蚀的电容去除，再接可调电源，显示不短路了。由于是主供电的滤波电容，这个位置无关紧要，就不补它了。

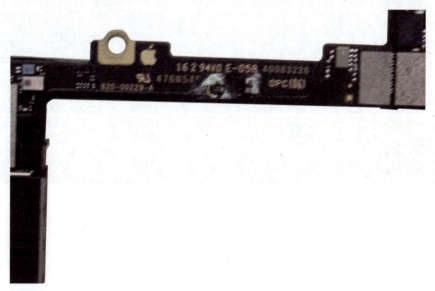

图 4-33　主供电滤波电容已经被腐蚀

开机触发后电流定在 40mA，连接电脑显示手机处于 DFU 模式，如图 4-34 所示。

图 4-34　手机处于 DFU 模式

用 iTunes 刷机，亮白苹果，出进度条时不走进度条，报错"40"。因为此机是扩容机，这时第一反应是怀疑硬盘虚焊了。加焊硬盘后故障依旧。测量硬盘供电全部正常。更换一块测机硬盘后，故障依旧。测量焊盘的二极体值，发现 M6 脚的二极体值异常，此脚正常二极体值在 1300 左右，但现在二极体值只有 36。查看图纸，M6 脚连到外部下拉电阻 R1704，如图 4-35 所示。

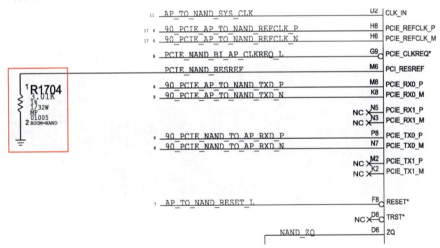

图 4-35　硬盘 M6 脚连接的下拉电阻 R1704 所在电路截图

怀疑电阻 R1704 损坏，更换电阻 R1704（见图 4-36）并装回硬盘。

图 4-36　更换电阻 R1704

重新刷机，iTunes 不再报错。进系统测试手机功能正常。维修到此结束。

4.10　iPhone 7 Plus 进水后不能开机故障的维修

故障现象　客户拍照的时候，手机掉水里了，过了一天才拿来维修，故障是不能开机。

维修过程　拆机，发现主板上进水的痕迹不明显。移除所有连接座，没有发现连接座和接口有被腐蚀的痕迹，加大电流不能开机。

单板观察，发现主板底部通往背光电路的电容和主供电电容都被腐蚀了。由于修本机时没有留存维修图片，用图 4-37 所示给出参考位置。

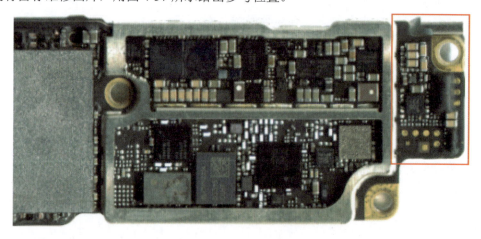

图 4-37　进水的位置

维修 iPhone 7、iPhone 7 Plus 进水机时，第一问题点可以放在这里的一排电容上。修过几台进水机，都是这里的电容被腐蚀了，造成"大电流"不能开机。

拆除 C3530 后主供电不短路了，加电可以正常开机，但是装屏无显示。仔细观察，又发现 D3701、D3702（这两个二极管和 iPhone 6s 的通用）（见图 4-38）被腐蚀发黑，直接更换。

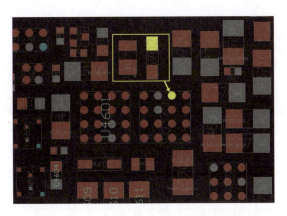

图 4-38 D3701、D3702 的位置（点位图）

装机再次测试，插卡后一直显示搜索信号中，拨"*#06#"可显示串号，判断问题不在基带部分。

拆机检查，发现功放旁边有一个元器件脱落了，查图纸得知是电感 FL7001_RF，如图 4-39 所示。

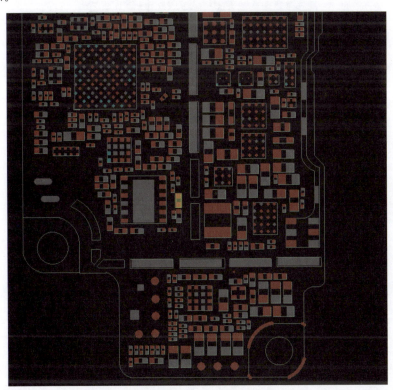

图 4-39 电感 FL7001_RF 的位置（点位图）

补好 FL7001_RF 后，装机测试能正常开机，手机功能正常。维修到此结束。

4.11 进水的 iPhone 7 Plus 二修机刷机报错"56"故障的维修

故障现象 iPhone 7 Plus 严重进水，同行简单处理过，没有修好。故障现象是漏电、无振动和铃声，以及 Wi-Fi、蓝牙、摄像、闪光灯等都不能使用，并伴有卡机现象。

维修过程 经过处理后，只有卡机故障仍未解决。考虑到故障也可能是软件引起的，直接刷机，刷机进度条到三分之二处报错"56"。

刷机报错"56"一般是由 NFC 和基带电路部分有问题引起的。先从 NFC 供电查起，发现 NFCSW_RF 供电管被严重腐蚀，如图 4-40 所示。

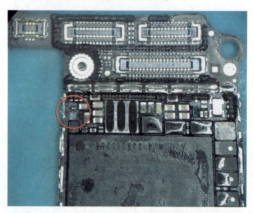

图 4-40 NFCSW_RF 供电管被严重腐蚀

拆下 NFCSW_RF 供电管，如图 4-41 所示。

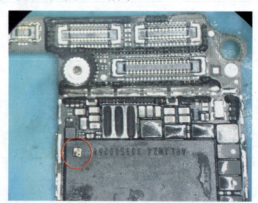

图 4-41 拆下 NFCSW_RF 供电管

处理腐蚀处后装机，刷机可顺利通过，所有故障都被排除。维修到此结束。

4.12 iPhone 7 Plus 被摔后开机卡苹果图标故障的维修

故障现象 开机显示苹果图标后一直不动,不能正常开机。客户说手机被重摔过。

维修过程 接可调电源,开机电流跳到 200mA 左右,又落回稳定在 130mA 左右。

通过数据线连电脑,手机连不上电脑。拆机,观察主板,发现 USB 管理芯片附近有焊油,如图 4-42 所示,说明被动过。撬下 USB 管理芯片,测得焊盘的二极体值都正常,所以怀疑 USB 管理芯片损坏了。从料板上拆个好的 USB 管理芯片换上后,接电脑后手机可以连上了。

图 4-42 USB 管理芯片附近有焊油

用 iTunes 刷机,然后通过报错码能更快速地缩小维修范围。刷机后能显示苹果标志,但进度条不动,报错"9",可以判断一般是硬盘方面的问题。测量硬盘的供电都正常,只能拆下硬盘(见图 4-43)检测。

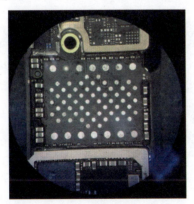

图 4-43 拆下硬盘

撬下硬盘,给焊盘除胶,发现掉了一个焊盘,看点位图得知,是 CPU 到硬盘的 PCIE 总线的时钟信号线,如图 4-44 所示。

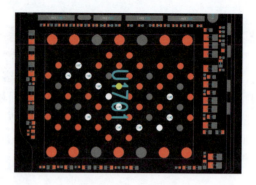

图 4-44　CPU 到硬盘的 PCIE 总线的时钟信号线的焊盘（点位图）

补点并绿油固化，如图 4-45 所示。

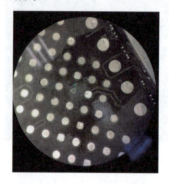

图 4-45　补点并绿油固化

补好线，把硬盘放在测试架上检测，读取不到任何数据，如图 4-46 所示，说明硬盘是坏的。

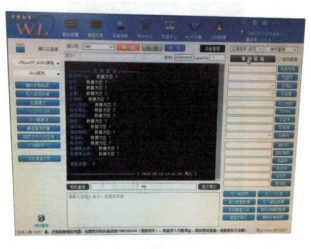

图 4-46　读不到硬盘数据

为了确认是否只是硬盘坏了，从料板上拆了块好硬盘装上，刷机，能走进度条了，如图 4-47 所示。刷机能够顺利刷过。

图 4-47　刷机测试图

因为不是原机硬盘，开机只能到激活界面，所以只能维修到这步了。

4.13　iPhone 7 Plus 刷机报错 "56" 故障的维修

故障现象　手机显示 iTunes 图标，连电脑刷机，刷机到 80% 时报错 "56"。

维修过程　根据维修经验，报错 "56" 的故障，一般摄像头供电和 NFC 损坏的比较多。测得摄像头连接座各路供电的二极体值无异常，接着查 NFC 部分。这里，有一个小技巧，iPhone 7 Plus 可以直接先短接 CPU 左上角的 NFC 供电管，短接示意如图 4-48 所示。

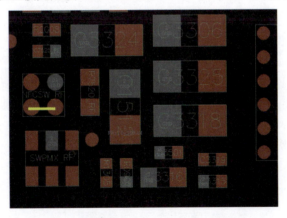

图 4-48　在点位图上演示短接 A1、A2 脚

短接 NFC 供电管 A1、A2 脚后进行刷机测试，还是一样报错 "56"。只能取下 NFC 芯片进行测试。NFC 芯片的点位如图 4-49 所示。

测得底脚的二极体值没问题，重新给 NFC 模块植锡，安装后可完成刷机，但手机不进行第二次自检直接跳转到 iTunes，电脑显示手机为恢复模式。之前没有遇到这种情况，所以先进行外配排除。为了防止外配在短路的情况下直接进入 iTunes，用电脑将手机退出恢复模式后，拆开音量排线和尾插排线接口，但问题依旧。

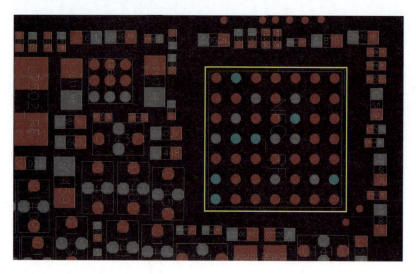

图 4-49 NFC 芯片的点位

最后想到系统虽然是新刷的,但选择了保留资料。再和客户商量,决定不保留资料地全新刷一次。刷机后可以正常进入激活界面,测试一切功能均正常。维修到此结束。

此 iPhone 7 Plus 刷机报错"56"不能进系统是 NFC 模块虚焊导致的,保留资料刷机后不能进系统,是由于原有系统中存在损坏的文件。

4.14　iPhone 7 Plus 无服务故障的维修

故障现象　手机插卡后一直显示"正在搜索…"。输入"*#06#"不显示串号,查看"设置"→"通用"→"关于本机",有 IMEI 与调制解调固件信息,但还原网络设置后,故障依旧。

维修过程　遇到这种故障尽量先不要刷机,iPhone 6s 以后的机型,若是基带有问题会刷机报错"4013";而 iPhone 7 和 iPhone 7 Plus 要注意基带的 1.0V 供电这一路,基带供电若出现短路现象,基本上可能是基带 CPU 本身损坏,即使搬板也没有办法解决问题。所以,在维修之前,可以先测量一下基带的 1.0V 供电这一路的二极体值。

iPhone 7 Plus 刷机报错"4013",可以选择先加热基带电源,然后再进行刷机。

对照图 4-50 和图 4-51,测量基带 1.0V 线路供电。有很多线路,在测量时要细心。

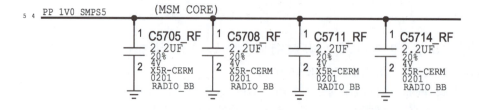

图 4-50　基带 1.0V 供电的电路图

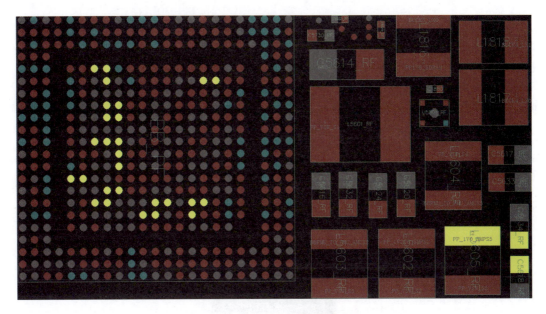

图 4-51　基带 1.0V 供电的点位图

测量发现基带电源的所有供电都正常，初步判断是基带 CPU 虚焊，看样子只能重植基带 CPU 了。重植 iPhone 7 和 iPhone 7 Plus 的基带 CPU 是有风险的。拆基带 CPU 之前一定要向客户提示风险。

因为基带 CPU 离主 CPU 太近，而且芯片四周有封胶，要先为主 CPU 做好隔热措施。用风枪加热，预热一下基带 CPU 然后除胶。注意，除胶力度不要太大，避免刮断板线。

拆基带 CPU 时，可以先把右边的电感 L5601_RF 撬下来，从这里插入刀片；也可以从卡槽这边开始插入刀片。最好使用薄片式的刀具，可以插进芯片里面。

用风枪加热，从主 CPU 方向向卡槽这边吹。撬基带 CPU 时，可以选取基带 CPU 周围任意一元器件作参照物，看到参照物的焊锡熔化就开始往基带 CPU 芯片里撬。

拆下基带 CPU 后，发现基带 CPU 的焊盘有许多空点，如图 4-52 所示。

图 4-52　基带 CPU 的焊盘有许多空点

对照点位图在显微镜下观察，发现掉的这些点都是空点。用低温焊锡中和处理好焊盘，再用低温焊锡加焊油处理基带 CPU，植锡，装回。等主板冷却后再测量一下周围的元器件是否短路，可以判断基带芯片是否安装完好。

第一次开机最好选择使用可调电源开机，正常后再将主板装回机壳试机。此 iPhone 7 Plus 是由于基带 CPU 虚焊导致无基带信号，重植后故障解决了。维修到此结束。

4.15 iPhone 7 Plus 无法录音故障的维修

故障现象　使用微信时，不能发语音；录音时，提示找不到音频设备，无送话，如图 4-53 所示。

图 4-53　录音失败，找不到音频设备

维修过程　根据以往的维修经验，这种故障首先想到的就是 iPhone 7 系列主板设计的一个通病——音频芯片焊盘容易掉点。

拆出主板，取下音频芯片，没有发现音频芯片焊盘有明显的掉点，如图 4-54 所示。

图 4-54　拆下音频芯片后的焊盘

加热电烙铁，用吸锡带把焊盘拖一遍，发现果然最容易掉的那个点被拖掉了，如图 4-55 所示。其实这个点在焊盘上时就已经断开了，再拖一下自然就掉了。

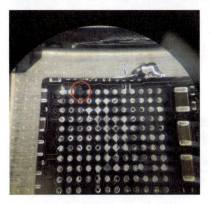

图 4-55　音频芯片焊盘掉点

给焊盘补点飞线，顺便把旁边容易掉点的两个有用点也刮了出来，上锡加固一下并补点飞线，如图 4-56 所示，避免返修。

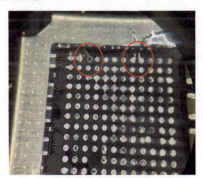

图 4-56　给焊盘补点飞线

装回音频芯片，装机测试，录音功能正常了，如图 4-57 所示。维修到此结束。

图 4-57　录音功能正常

4.16 iPhone 7 Plus 无法摄像故障的维修

故障现象 手机无法摄像，更换后置摄像头后故障依旧。此机为二修机，上家维修过 Wi-Fi，动过音频芯片 U3301。

维修过程 根据以往的维修经验得知，Wi-Fi 芯片上的两个摄像头供电转换管（见图 4-58）容易虚焊，拆下后重装，但故障依旧。

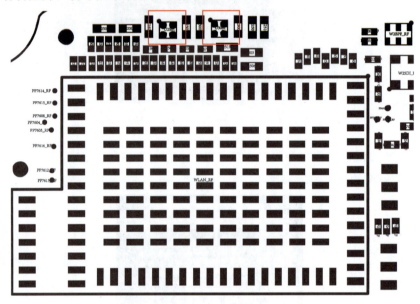

图 4-58 两个摄像头供电转换管的位置

测量后置摄像头连接座 J3001（见图 4-59）与 J4501，以及摄像头连接座供电的二极体值，均无异常。

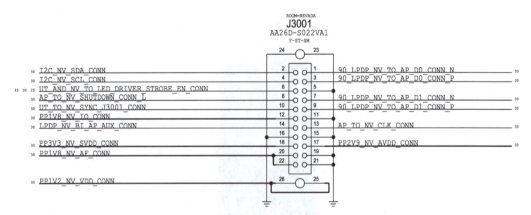

图 4-59 J3001 所在电路截图

测量 J3001 与 J4501 上的 I²C 总线（见图 4-60），发现 J3001 2 脚电压只有 0.4V，正常应为 1.8V 左右。

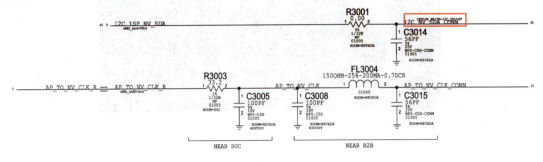

图 4-60　I²C 总线所在电路截图

此 I²C 总线经熔断电阻 R3001（见图 4-60）到 M2600（见图 4-61），再由 R4604 电阻（见图 4-62）上拉。

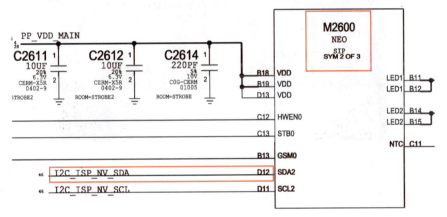

图 4-61　M2600 所在电路截图

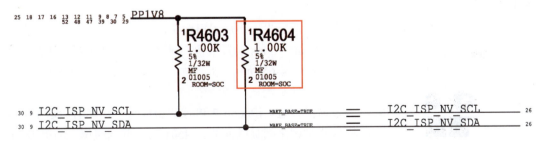

图 4-62　上拉电阻 R4604 所在电路截图

结合图 4-63 找到电阻 R4604。

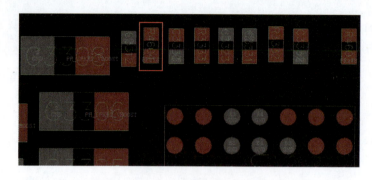

图 4-63　电阻 R4604 的位置（点位图）

测得 R4604 一端电压正常，另一端电压为 0.4V，明显不对，怀疑其损坏。更换电阻 R4604，如图 4-64 所示，再次测得其两端电压恢复正常。

图 4-64　更换电阻 R4604

装机测试，正常进系统，测试功能正常。维修到此结束。

4.17　iPhone 7 Plus 无法照相故障的维修

故障现象　iPhone 7 Plus 的前置摄像头正常，后置摄像头打开后是黑屏状态，不能照相。

维修过程　本着先易后难的原则，决定先更换后置摄像头。

图 4-65　后置摄像头实物图

拆 iPhone 7 Plus 后置摄像头时要注意，两个摄像头是连在一起的，如图 4-65 所示，拆开固定架后需要从左侧撬起。更换一个新的摄像头测试，故障依旧。

之前测试过，iPhone 7 Plus 双摄像头中，靠右边这个大点的摄像头是用来捕捉画面的，J4501 就是其连接座。测得 J4501 的二极体值正常，这时联想到在维修 iPhone 6 Plus 时也遇到过这种现象，是供电部分出了问题。J4501 连接座位置图如图 4-66 所示。J4501 连接座的二极体值如图 4-67 所示。

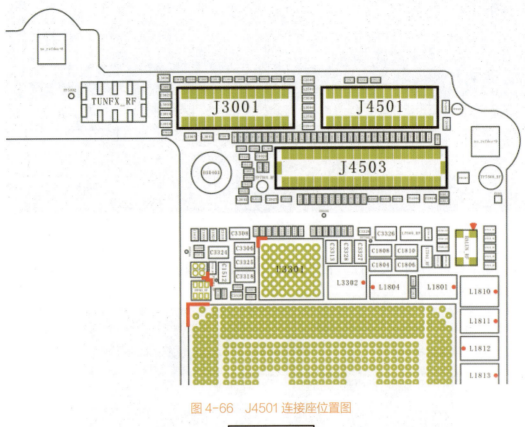

图 4-66 J4501 连接座位置图

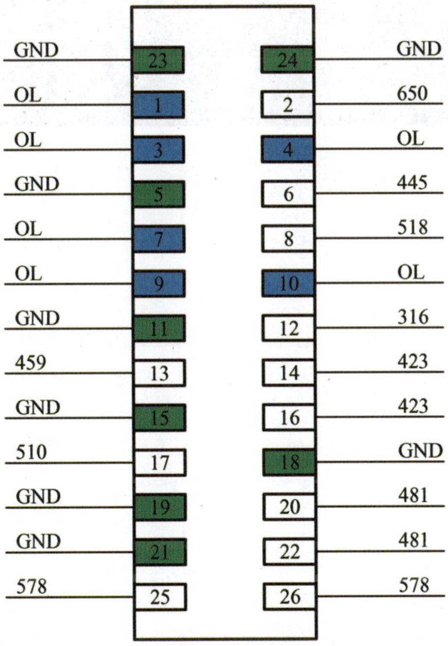

图 4-67 J4501 连接座的二极体值

iPhone 7 Plus 的供电管也有两个，对应 J4501 连接座的是 Q2501，如图 4-68 所示。

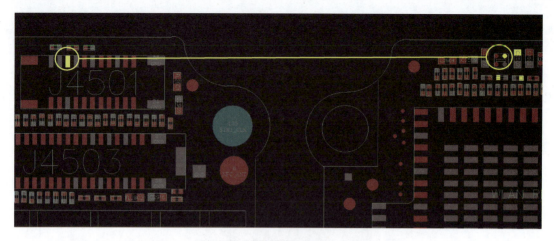

图 4-68　在点位图上找到 J4501 对应的供电管 Q2501

用电烙铁高温拆下 Q2501，短接好后进行试机（和 U3001 短接方法一样）。短接 Q2501 的示意如图 4-69 所示。

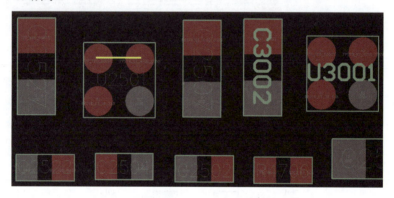

图 4-69　短接 Q2501 的示意图

为了保险起见，先不要使用电池直接开机，用电源表开机，边开机边注意观察电压是否异常。

电流正常后，装机测试，照相功能正常了。维修到此结束。

4.18　iPhone 7 Plus 被摔后手电筒不能使用故障的维修

故障现象　客户描述手机不小心摔了，使用几天后闪光灯不能用了，手电筒打不开了。在其他维修店维修过，但没修好。

维修过程　拆机观察，发现闪光灯电感 M2600 已被更换过。先拆下 M2600，以排查是否电感焊接不良导致的故障。

拆下 M2600 后，测量焊盘的二极体值，发现 AP_TO_STROBE_DRIVER_HWEN、I2C_ISP_NV_SDA 和 I2C_ISP_NV_SCL 的二极体值为无穷大。它们的脚位如图 4-70 所示。

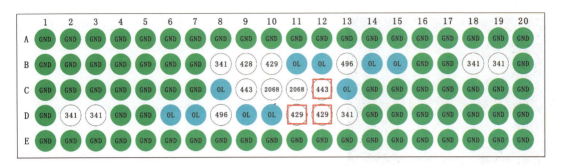

图 4-70　M2600 焊盘上 AP_TO_STROBE_DRIVER_HWEN、I2C_ISP_NV_SDA 和 I2C_ISP_NV_SCL 的脚位

找到了故障点，接下来开始飞线，如图 4-71 所示。AP_TO_STROBE_DRIVER_HWEN 信号线直通 CPU，中间没有通过其他元器件，只能尝试挖板层来找到这根线。

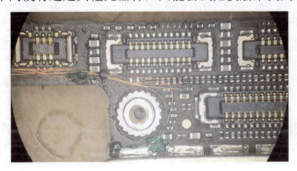

图 4-71　飞线实物图

线都飞好后，涂黑油固化，如图 4-72 所示。

图 4-72　飞线后黑油固化

装上闪光灯芯片，测量飞线没有短路，开机测试，手机功能正常。维修到此结束。

4.19　iPhone 7 Plus 前置摄像头无法使用故障的维修

故障现象　前置摄像头无法使用，后置摄像头和闪光灯及其他功能正常。

图 4-73　J4503 被维修过

维修过程　拆下主板，测量前置摄像头连接座 J4503，发现其有被修过的痕迹，如图 4-73 所示。

J4503 的点位图如图 4-74 所示。测量 J4503 的二极体值没发现问题。测量上家维修过的 R4810（I2C_NH_SCL_CONN）、R4811（RI2C_NH_SDA_CONN）这两组 I^2C 上拉电压时，发现 R4811 一端电压正常，一端电压为 0，但测二极体值是正常的，判断 R4811 电阻损坏。R4811 所在电路如图 4-75 所示。

图 4-74　J4503 的点位图

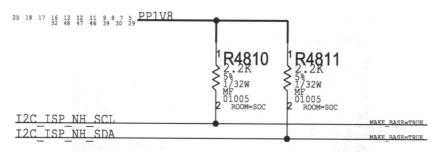

图 4-75　R4811 所在电路截图

找来料板，拆下料板上的 R4811，更换到故障手机上。装机后开机进系统，测试前置摄像头功能正常了。维修到此结束。

第 5 章　iPhone 8 维修实例

5.1　电感虚焊导致 iPhone 8 "小电流" 不能开机故障的维修

故障现象　iPhone 8 不能开机。

维修过程　接可调电源，发现电流仅 39mA，如图 5-1 所示。这种现象俗称 "小电流"。

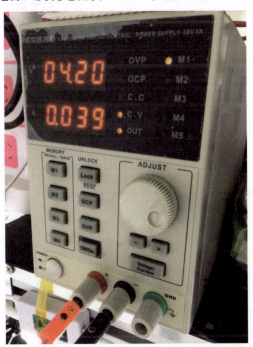

图 5-1　故障机实测电流仅有 39mA

这种 "小电流" 故障可能是没满足 CPU 的工作条件或 CPU 本身有问题。先查 CPU 的工作条件，发现没有 0.9V 电压。检查 0.9V 电压这条线路，发现有个电感虚焊了，如图 5-2 所示。直接拆下该电感，如图 5-3 所示。

图 5-2 虚焊的电感

图 5-3 拆下虚焊的电感

这个电感是 L2790，如图 5-4 所示。

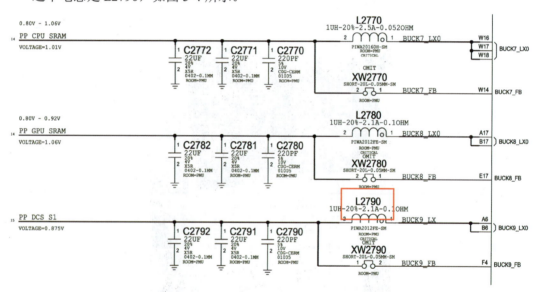

图 5-4 L2790 所在电路截图

更换 L2790 后，单板上电，能正常开机了。装机测试，顺利进入系统，测试各项功能均正常。维修到此结束。

5.2　iPhone 8 二修机不能开机故障的维修

故障现象　iPhone 8 二修机不能开机。

维修过程　加电开机，电流到 250mA，然后归零，一直这样循环。根据以往维修经验可以判断，故障和 USB 充电部分有关。

拆出主板，发现同行对充电部分加焊过。iPhone 8 的 USB 芯片 U6300（见图 5-5）和以前机型的都不通用。

图 5-5　iPhone 8 的 USB 芯片 U6300

拆下 U6300，测得焊盘的二极体值无异常。不装 U6300，加电试机，电流正常。更换新的 U6300 加电开机，可以进入系统。装机测试，插充电器不能触发开机，并且不充电。更换尾插后，故障依旧。不同于以前的 iPhone，在 iPhone 8 中，从充电器输入的 5V 供电线路上没有安装保护场效应管，而是直接送给充电芯片 U3300，如图 5-6 所示。

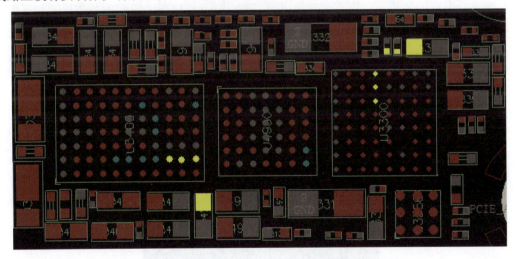

图 5-6　U3300 所在位置的点位图截图

测得电压送到了 C3301 上，心想可能是充电芯片故障导致电压没有输出。于是，拆出 U3300，测得焊盘的二极体值正常。更换新的 U3300，加电开机，电流正常。测试电池连接座上有 4.2V 电压，重新试机，充电正常，故障被排除。维修到此结束。

5.3　iPhone 8 进水后不能开机故障的维修

故障现象　iPhone 8 进水后不能开机。
维修过程　拆下主板，发现防水标变红，但是没有看到明显的进水痕迹。单板接上可调电源，触发开机，电流高达 1693mA，如图 5-7 所示。

在主板上熏松香，通电寻找发烫的地方。触发开机后，发现电源芯片左下角的松香瞬间熔化了，如图 5-8 所示。

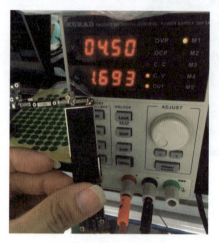

图 5-7　电流高达 1693mA

图 5-8　电源芯片左下角松香熔化了

难道是电源芯片坏了？先不急着换电源芯片，打开点位图，发现电源芯片的左下角通向硬盘，如图 5-9 所示。

图 5-9　通过点位图发现电源芯片的左下角通向硬盘

经过测量,发现确实是这条线路短路了。这条线路是硬盘的 3V 供电。这条线路短路时,一般是滤波电容短路。使用烧机法烧机,发现有一个电容上的松香熔化了,如图 5-10 所示。

图 5-10　故障电容实物图

抠掉短路电容,再测量不短路了。补上电容,开机测试各功能均正常。维修到此结束。

5.4　iPhone 8 无电池数据故障的维修

故障现象　iPhone 8 无电池数据,开机两三分钟后重启。
维修过程　手机开机,连接爱思助手后读不到电池数据,如图 5-11 所示。

拆下主板,发现主板很新,只有电池连接座被动过,估计是扣的次数过多,变形导致电池接触不良,又发现 CPU 通过 I2C0 总线读取电池数据的场效应管缺失了。果断更换电池连接座,并短接 Q3201,如图 5-12 所示。

图 5-11　连爱思助手后读不到手机的电池数据　　　　图 5-12　已短接 Q3201

Q3201 所在电路如图 5-13 所示。

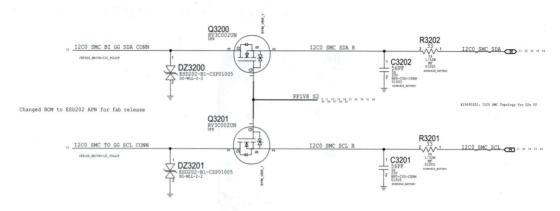

图 5-13 Q3201 所在电路截图

装机测试，手机功能正常。维修到此结束。

5.5　iPhone 8 二修机无服务故障的维修

故障现象　iPhone 8 二修机无服务。

维修过程　经过检测，发现可显示基带和串号信息，但显示无服务。把主板拆下，发现手机被修过，基带与基带电源部分都有被动过的痕迹，仔细观察发现，主板头部天线小板处有好几个小锡珠，这就是爆锡了，如图 5-14 所示。

于是把连接小板取下，重新植锡装回，如图 5-15 所示。

图 5-14　爆锡部分实物图

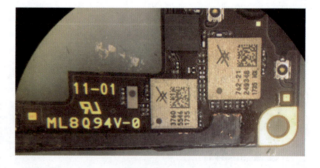

图 5-15　重新植锡装回小板

装机测试，手机功能正常。维修到此结束。

5.6　iPhone 8 有基带和串号，无服务故障的维修

故障现象　iPhone 8 有基带和串号，无服务故障，如图 5-16 所示。

维修过程 经测试发现，插 SIM 卡后显示"无服务"，有串号和基带信息。如图 5-17 所示，取下射频芯片，没有发现焊盘有问题，测二极体值也无异常。

图 5-16 iPhone 8 有基带和串号，无服务

图 5-17 取下射频芯片

更换一个新的射频芯片，再次开机测试，各项功能正常。维修到此结束。

5.7 iPhone 8 无振动功能故障的维修

故障现象 iPhone 8 无振动功能。

维修过程 根据以往经验和故障现象，先换了一个振动器，但故障依旧。由此判定主板有问题，决定先更换振动芯片。振动芯片如图 5-18 所示。

图 5-18 振动芯片

在这里，笔者建议同行们，维修 iPhone 8 时，可以直接买如图 5-19 所示这种打孔的板子，当作料板。

图 5-19　料板

换上一个从料板上拆下的振动控制芯片，如图 5-20 所示。

图 5-20　换上振动控制芯片

开机测试，拨动静音键有振动反馈了。

进到铃声设置界面，选择前几条铃声时，有振动，再多选几个后，发现又没有振动了，再拨动静音键也没有了振动。心想，这是什么情况？难道振动控制芯片被烧坏了？振动控制芯片 U5100 所在位置点位图截图如图 5-21 所示。

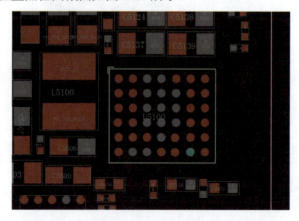

图 5-21　振动控制芯片所在位置点位图截图

经过检测，没有发现芯片被烧掉，但仍然更换了一个，开机测试，依旧是开始有振动，多点几下就没有振动了。脑袋有点晕，都换了两个芯片了，还是这样，心想，不会换上去的振动器也有问题吧？如图 5-22 所示，换一个振动器试试，装上后测试，居然好了，原来振动器也坏了。

图 5-22　实物图

没想到 iPhone 8 的振动器这么爱坏。经反复测试，振动功能完好。维修到此结束。

5.8　iPhone 8 二修机不能充电故障的维修

故障现象　客户描述手机不能充电，并且该手机是二修机。

维修过程　拿到手机后，插充电器测试，一直显示充电图标，但充电电流只有 0.1A，如图 5-23 所示。

把屏幕拆下，用电源适配器上电，开机电流可上升到 166mA（见图 5-24），然后掉电不能开机。

图 5-23　充电电流只有 0.1A　　　　　图 5-24　开机电流可上升到 166mA

将主板拆下，发现充电芯片已经被动过。决定重新更换一个充电芯片。先把充电芯片拆下来，如图 5-25 所示。

重新安装一个充电芯片后，单板上电测试，充电电流正常，如图 5-26 所示。

图 5-25　拆下充电芯片　　　　　　　　　图 5-26　测试显示充电电流正常

装机测试，充电正常，可正常开机进系统。维修到此结束。

5.9　iPhone 8 二修机打不开后置摄像头故障的维修

故障现象　iPhone 8 二修机打不开后置摄像头，前置摄像头和闪光灯正常。

维修过程　闪光灯和前置摄像头都可以打开，说明问题可能在供电部分。

测得后置摄像头的二极体值都正常。拆开 CPU 屏蔽罩，发现后置摄像头的供电芯片有焊过的痕迹，如图 5-27 所示。

拆下后置摄像头的供电芯片后，发现焊盘有连锡情况，如图 5-28 所示。

图 5-27　后置摄像头的供电芯片有焊过的痕迹　　　　图 5-28　焊盘连锡

处理好焊盘，装回芯片，故障修复。维修到此结束。

上一位维修师傅已经判断出是供电芯片有问题，但由于手工不到位，导致机器没能修复。由此可见，扎实的手工是成功的关键。

5.10　通过搬板修复 iPhone 8 "小电流" 不能开机的故障

故障现象　iPhone 8 "小电流" 不能开机。

维修过程　拆下手机主板，接可调电源，发现手机为 "小电流" 不开机。再检查主板板层，发现为 PC-V0 的板层，此种板层比较容易发生多处板层断线。这是前期出厂 iPhone 8 的设计缺陷，就算修好，这些手机也用不长。常见容易损坏的 iPhone 8 和 iPhone 8 Plus 板底分别如图 5-29 和图 5-30 所示。

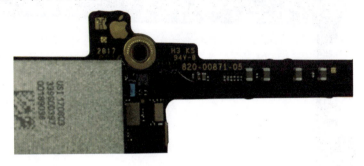

图 5-29　iPhone 8 板底

图 5-30　iPhone 8 Plus 板底

经客户同意后，开始搬板。取下的基带、CPU 和硬盘，如图 5-31 所示。处理好焊盘和芯片并植锡，如图 5-32 所示。

图 5-31　取下的基带、CPU 和硬盘　　　　图 5-32　处理好焊盘和芯片并植锡

为了提高效率，选择打磨好的 ID 板，直接处理主板 CPU 焊盘后，焊接 CPU，如图 5-33 所示。

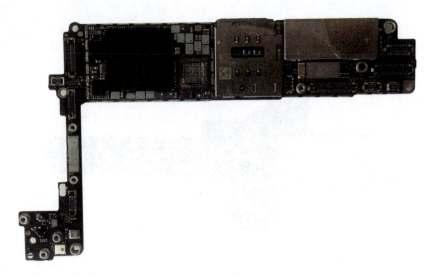

图 5-33　选择打磨好的 ID 板，直接处理主板 CPU 焊盘后，焊接 CPU

装上 CPU 后触发电流为 50～60mA，连接电脑为 DFU 模式，表示 CPU 安装正常。

如图 5-34 所示，提取故障机主板的基带码片数据，写入 ID 板后，装上基带，再将硬盘解绑 Wi-Fi 并装上硬盘。至此搬板结束。

图 5-34　在线读写基带码片数据

刷机可以直接通过，装机测试，手机功能正常。维修到此结束。

第 6 章　iPhone 8 Plus 维修实例

6.1　iPhone 8 Plus "大短路"导致不能开机故障的维修

故障现象　iPhone 8 Plus 不能开机。

维修过程　接上可调电源,发现为"大短路"不能开机,如图 6-1 所示。

图 6-1　实测手机"大短路"

手摸主板背面的下方,感觉比较发烫,给主板熏上松香后加电,发现 U4900 上的松香瞬间熔化了,如图 6-2 所示。

图 6-2　U4900 上的松香瞬间熔化

209

如图 6-3 所示，拆下 U4900，以为故障就这样解决了，没想到发烫的地方竟然转移了，变成主板的上半段发烫了。

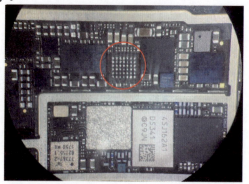

图 6-3　拆下 U4900

揭开主板上半段的贴纸，发现电源芯片周围有锡珠冒出。给电源芯片熏上松香，发现电源芯片竟然也短路了，如图 6-4 所示。

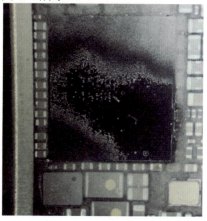

图 6-4　发现电源芯片短路

因为电源芯片明显有爆锡的情况，所以取下电源芯片，如图 6-5 所示。

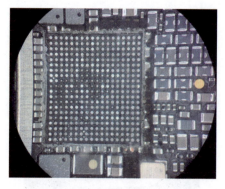

图 6-5　取下电源芯片

完美地取下了电源芯片，因为焊锡没有完全熔化，焊点几乎都是平的，所以不用担心会爆CPU。但奇怪的是，发烫地方又转移了，变成了U5000发烫。U5000的位置如图6-6所示。

图6-6　U5000芯片的位置

最终判断，此手机的主板为电击板（电击板就是被强行施加高电压，故意击坏的主板），其套件都很可能是坏的，是无法修复的，所以放弃对这台手机的维修。维修到此结束。

6.2　iPhone 8 Plus 漏电导致不能开机故障的维修

故障现象　客户描述手机晚上还好好的，第二天就不能开机了。

维修过程　根据客户描述，这种情况应首先排除手机没电导致的不能开机，然后再接可调电源，通过开机电流判断故障。手机接充电器没有反应，无充电电流，看来不是没电了。拆开手机，接可调电源，发现接电"大短路"，如图6-7所示。

拆机取下主板，给主板熏松香，接电检查，发现主供电 PP_VDD_MAIN 上的滤波电容 C5696 短路了，如图6-8所示。

图6-7　手机接电"大短路"

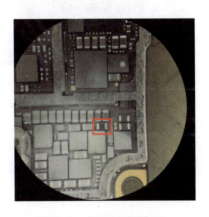

图6-8　C5696短路了

直接用镊子拆下 C5696，如图 6-9 所示。

图 6-9　拆下 C5696

再次测量，二极体值恢复正常，如图 6-10 所示。

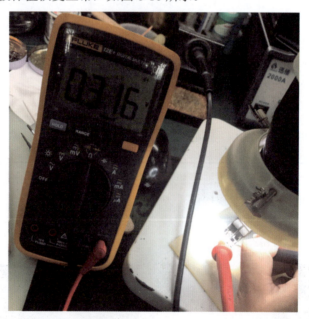

图 6-10　测得二极体值恢复正常

从料板上拆一个电容补上，装机测试，开机正常，功能也正常。维修到此结束。

6.3　iPhone 8 Plus 被摔后插卡无服务故障的维修

故障现象　手机被摔过，不插卡的情况下一直会提示"未安装 SIM 卡"，插卡后显示"无服务"。

维修过程　摔过的手机一般是焊盘掉点、短路的情况比较多。因该机被摔过，所以优先考虑找到焊盘掉点。

拆机，发现此机被同行修过，已经把主板上的 DSM_LB_E、DSM_HB_E 两个芯片拆掉了，如图 6-11 所示。

图 6-11　DSM_LB_E、DSM_HB_E 被拆掉了

测了一下这两个芯片焊盘的二极体值，发现 SCLK_HB_LB_DSM_FILT_E 信号对地短路。观察发现，同行把电阻 R1608_E 装到电容 C1602_E 的位置上了，如图 6-12 所示。

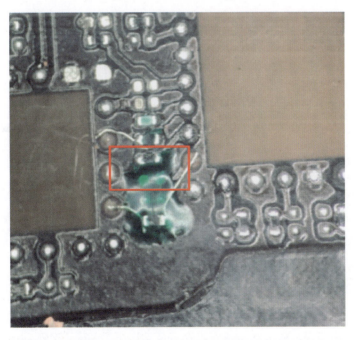

图 6-12　电阻 R1608_E 被装到电容 C1602_E 的位置

电阻 R1608_E 和电容 C1602_E 的位置如图 6-13 所示。

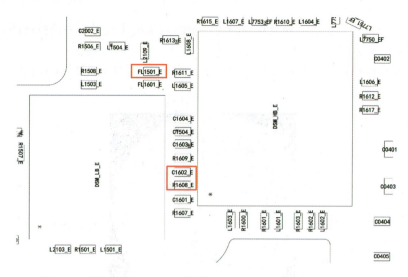

图 6-13　电阻 R1608_E 和电容 C1602_E 及 FL1501_E 的位置

原理图 6-14 中，电容 C1602_E 的旁边标注了 NOSTUFF，表示这个位置是没有安装元器件的。

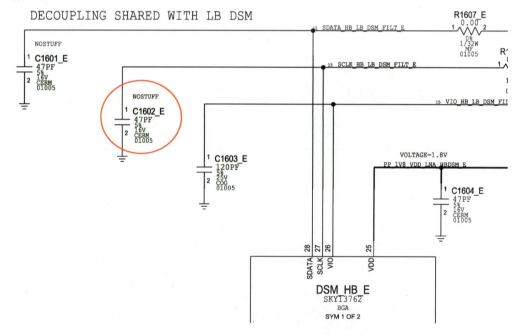

图 6-14　C1602_E 所在电路截图

拆掉电容 C1602_E 位置上的电阻，补到原来的位置，把焊盘上掉的点飞线，补回元器件和芯片。装机开机测试，发现故障依旧，看来还有其他问题。

拆机，在显微镜下观察主板，与图 6-13 对比，发现电感 FL1501_E 不见了，如图 6-15 所示。

图 6-15　在显微镜下观察主板，发现电感 FL1501_E 不见了

查看电路原理图，发现这个元器件是需要安装的。
把 FL1501_E 的两个焊盘直接连上，如图 6-16 所示。

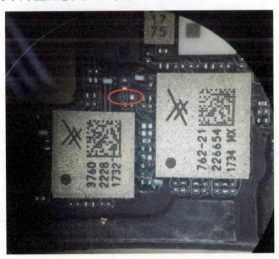

图 6-16　直连电感 FL1501_E

开机测试，插电话卡后有信号了，打电话也正常了。维修到此结束。

6.4　iPhone 8 Plus 耗电快，充电很久才能充上一点电故障的维修

故障现象　手机耗电很快，充电很久才能充上一点电。
维修过程　对于手机耗电快的故障，一般首先测试功能，功能正常的情况下，再接可调电源看一下漏电情况，从而缩小查找范围。

给手机充电很久后，仍然不能开机。只好拆机，接可调电源，发现手机漏电，电流为 647mA，如图 6-17 所示。

图 6-17　故障手机的主板漏电，电流为 647mA

给主板熏松香，发现是 PP_VDD_BOOST 供电的滤波电容 C3110 对地短路。C3110 所在电路如图 6-18 所示。C3110 实物如图 6-19 所示。

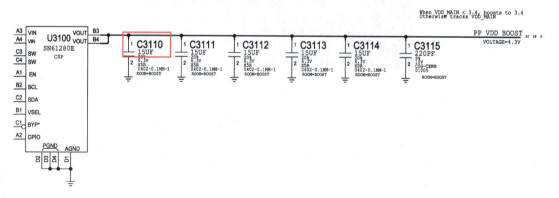

图 6-18　C3110 所在电路截图

直接用镊子挑掉滤波电容 C3110，如图 6-20 所示。

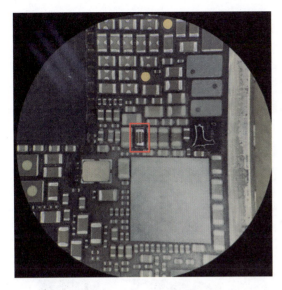
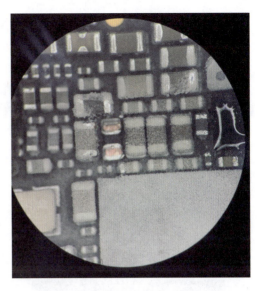

图 6-19　C3110 实物图　　　　　　图 6-20　挑掉滤波电容 C3110

再次测量 PP_VDD_BOOST 供电的二极体值，发现二极体值恢复正常了，如图 6-21 所示。

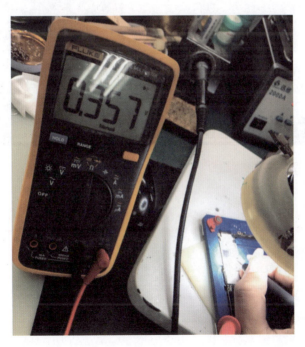

图 6-21　PP_VDD_BOOST 的二极体值恢复正常

维修时，如发现有些小电容坏了，可以去掉后不装，对手机功能基本无影响。装机测试，手机不再漏电，功能正常。维修到此结束。

此故障是 PP_VDD_BOOST 供电的滤波电容 C3110 对地短路导致的漏电。

217

6.5　iPhone 8 Plus 打不开后置摄像头故障的维修

故障现象　客户描述，手机的后置摄像头坏了，打不开，具体原因未说明。

维修过程　拿到手机后，首先开机测试，发现打不开后置摄像头，前置摄像头正常。打不开后置摄像头，首先应考虑的是后置摄像头连接座的二极体值是否正常；然后考虑后置摄像头连接座周围的电容、电阻是否虚焊；最后考虑后置摄像头供电芯片是否正常工作。

经测量，后置摄像头连接座的二极体值都是正常的，因为如果后置摄像头供电芯片不正常，后置摄像头也是打不开的，所以决定先更换一个后置摄像头供电芯片试试。先拆下后置摄像头供电芯片，如图 6-22 所示。

这个手机的很多芯片下面都是打胶的，焊盘一定要处理干净。更换后置摄像头供电芯片，如图 6-23 所示。

开机测试，后置摄像头可以正常打开了。维修到此结束。

图 6-22　拆下后置摄像头供电芯片

图 6-23　更换完后置摄像头供电芯片

6.6　iPhone 8 Plus 进水不能开机故障的维修

故障现象　一台 iPhone 8 Plus，前一天晚上进水，第二天早上客户就拿过来维修。看样子进的水还不少，里面还残留了一些水滴。

客户明确说明这手机不重要，取出里面的资料就好。

维修过程拆开后单板清洗烘干，烘干之后不要先加电，观察一下哪个位置进水最严重，避免加电烧坏其他元器件。观察发现有个区域最为严重，几个电容已经被腐蚀。用刷子刷这几个电容，直接就被刷掉了。考虑到这些是滤波电容，不影响手机开机，也就先不补了。另外发现有两个电容也被烧黑了，测试都是短路状态，分别是连接铃声放大芯片 U4900 的 C4910 和连接充电管 U3300 的 C3310，如图 6-24、图 6-25 所示。

图 6-24 C4910 和 U4900 的位置（点位图）

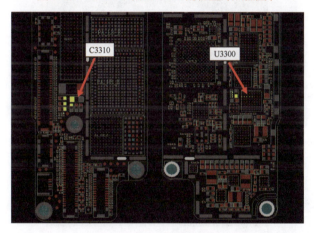

图 6-25 C3310 和 U3300 的位置（点位图）

仔细看反面的 U4900 和 U3300 两个芯片上并没有进水的痕迹，判断只是电容 C4910 和 C3310 被烧坏了。拆下 C4900 和 C3310，如图 6-26 所示。

图 6-26 电容 C4900 和 C3310 被拆下

拆下电容 C4900 和 C3310 后测得焊盘的二极体值正常了。这说明判断没错，果然板层内没有短路。补上电容之后加电，开机电流正常了。把客户原来的进水屏烘干后扣上，开机可以点亮，但是慢慢就变色变暗了。更换新屏后，测试手机功能均正常。维修到此结束。

（小提示：iPhone 7 Plus 与 iPhone 8 Plus 的屏幕接口一样，维修测试时可以通用一块屏，不过支架不一样，不能装机使用。）

6.7　iPhone 8 Plus 被摔变形后不能开机故障的维修

故障现象　iPhone 8 Plus 不能开机。

维修过程　拆机大致看了一下，发现主板已经严重变形。因为客户要保资料，所以我们先把手机修开机，再把资料备份出来。

手机接电，发现漏电，电流为 280mA。修被重摔的手机时，应先看看主板有没有明显外观损坏的痕迹。在显微镜下观察，发现摄像头供电芯片 U3700 已经裂开了，如图 6-27 所示。

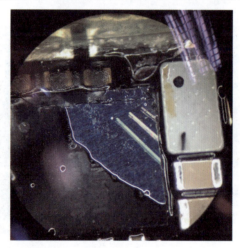

图 6-27　裂开的摄像头供电芯片

先取下 U3700，如图 6-28 所示。

图 6-28　取下 U3700 芯片

接可调电源测试,待机电流为 1mA(见图 6-29),这是正常的,但触发后电流从 400mA 起跳(见图 6-30),电流过大,明显不正常。

图 6-29　待机电流正常

图 6-30　触发后电流过大,从 400mA 起跳

触发电流从 400mA 起跳,说明主板肯定有短路的地方。当查到电容 C2906 时发现短路了。C2906 所在电路如图 6-31 所示。

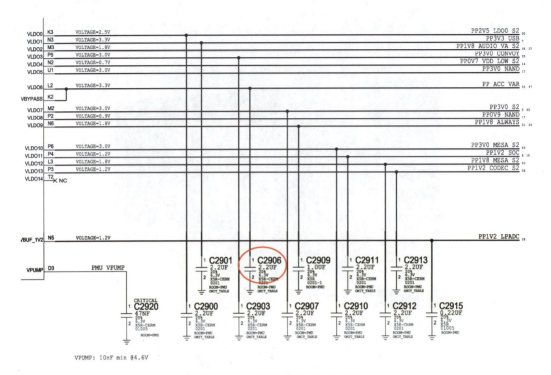

图 6-31　C2906 所在电路截图

拆掉 C2906 后测得二极体值已经正常了，如图 6-32 所示。

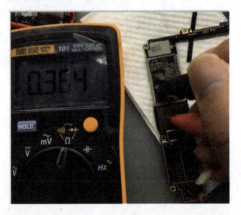

图 6-32　拆掉 C2906 后测得二极体值正常了

开机触发，手机可以进系统了。由于手机变形严重，并且客户只需要资料，于是没有继续研究如何进一步维修，直接将客户资料备份出来了。维修到此结束。

6.8　iPhone 8 Plus 触发后电流从 200mA 多起跳不能开机故障的维修

故障现象　手机不能开机。

维修过程 拿到手机后，直接拆机，接可调电源触发开机，电流从 200mA 多起跳，这肯定是不正常的。

首先想到的就是指纹供电、3V 供电、USB 管理芯片这些比较容易出现问题的地方。测得指纹供电、3V 供电、感光供电这些都正常后，将 USB 管理芯片取下（见图 6-33），发现电流还是一样。

图 6-33　取下 USB 管理芯片

逐个测 USB 管理芯片焊盘的二极体值，发现 PP_VAR_USB_RVP 这一路供电短路。这路供电所在电路如图 6-34 所示。

图 6-34　PP_VAR_USB_RVP 所在电路截图

把 USB 管理芯片周围的一些相关电容都拆了，还是短路。当拆到硬盘周围的电容 C5900（见图 6-35 和图 6-36）时，发现这个电容已经有点发黑了。

223

图 6-35　电容 C5900 有点发黑

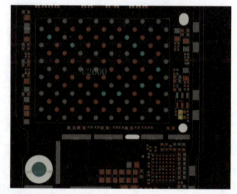

图 6-36　C5900 的位置（点位图）

直接将该电容拆掉，测得 PP_VAR_USB_RVP 的二极体值已经正常了，如图 6-37 所示。

图 6-37　测得 PP_VAR_USB_RVP 的二极体值已经正常了

更换一个电容，触发电流正常，顺利进入系统，测试手机功能正常。维修到此结束。

6.9　iPhone 8 Plus 触摸功能故障的维修

故障现象　客户描述，手机触摸功能无法使用，滑动屏幕一点反应都没有。

维修过程　首先开机测试，故障和客户描述的一致。iPhone 8 Plus 的触摸芯片在屏的上面。维修时，先排除外配是否有问题。换个好的屏幕后，发现还是一样无法触摸。测得显示触摸连接座的二极体值都正常。

显示触摸连接座正常的话，还有一种情况会导致手机无触摸功能，那就是 3D TOUCH 有问题。常见的是 3D TOUCH 的供电芯片 U5890（见图 6-38 和图 6-39）损坏。

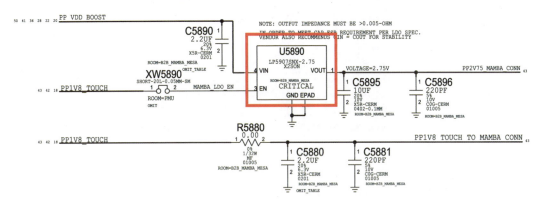

图 6-38　U5890 所在电路截图

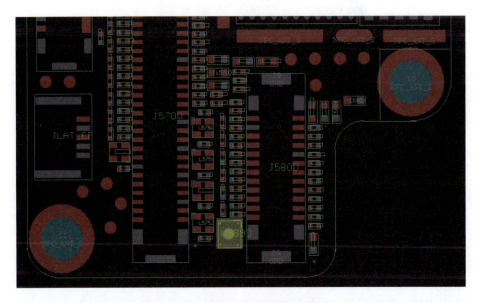

图 6-39　U5890 的位置（点位图）

直接将 U5890 取下，如图 6-40 所示。

图 6-40　U5890 取下后

更换一个新的 U5890 上去，如图 6-41 所示。

图 6-41　更换一个新的 U5890

更换完毕后，装机测试，手机的触摸功能已经正常了。维修到此结束。

6.10　iPhone 8 Plus 温度过高故障的维修

故障现象　手机开机时提示温度过高。

维修过程 首先开机测试，刚开机时没有提示温度过高。测试功能时发现，无法打开 Wi-Fi，过了 5 分钟，后置摄像头位置严重发烫，接着手机提示温度过高。根据这种情况，判断故障在 Wi-Fi 芯片。

决定更换 Wi-Fi 芯片。因为 iPhone 6s 以后的机型，Wi-Fi 芯片是与硬盘绑定的，所以需要把硬盘拆下并解绑 Wi-Fi 芯片。

拆下 Wi-Fi 芯片后，将硬盘也拆下，如图 6-42 所示。

图 6-42 拆下硬盘

拆下硬盘后，用硬盘测试架解绑 Wi-Fi，然后先装回硬盘，再装上好的 Wi-Fi 芯片，如图 6-43 所示。

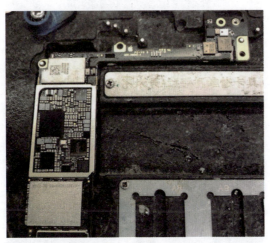

图 6-43 装上 Wi-Fi 芯片

都装好后，开机测试，Wi-Fi 功能恢复正常，使用十多分钟，也没发现发热的情况。维修到此结束。

第 7 章　iPhone X 维修实例

7.1　iPhone X 正常使用时突然不能开机故障的维修

故障现象　iPhone X 正常使用时突然不能开机了。

维修过程　拆机，接可调电源，先通过电流来判断故障的大概位置。

接可调电源上电，电流直接跳变到 5A 左右了，如图 7-1 所示，估计是主供电短路了。

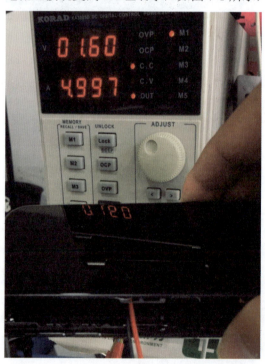

图 7-1　主供电短路

取出主板，将主板分层，熏松香后可以看到有个电容上的松香已经熔化了，如图 7-2 所示。

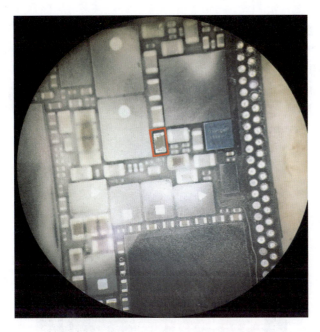

图 7-2 通过熏松香定位到故障点

将该故障电容直接取下，如图 7-3 所示。

图 7-3 取下故障电容

上电测试，可正常开机了，然后再补回一个新电容并装机测试，手机功能正常。维修到此结束。

7.2　iPhone X 可显示充电图标，但充不进电故障的维修

故障现象　手机插数据线充电，屏幕显示充电图标，但充不进电。

维修过程　手机插上 USB 充电，电流表无任何反应，手机屏幕显示充电图标，但充电电流为 0，如图 7-4 所示。这种故障现象首先考虑是主板电路有问题。

图 7-4　充电电流为 0

拆机，拧下尾部螺丝，抠掉电池，插入数据线，测得电池连接座正极电压为 0。正常手机插上数据线充电时，电池连接座正极有 3.7V 左右的跳变电压。初步判断是充电升压问题，所以决定更换充电电感 L3340 和 L3341 试试。充电电感 L3340 和 L3341 所在电路如图 7-5 所示。

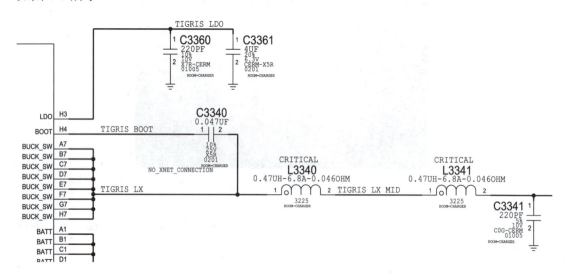

图 7-5　充电电感 L3340 和 L3341 所在电路截图

先更换两个充电电感（见图 7-6），此时先不贴合下层 BB 部分，单装 AP 部分进行测试。主板连接尾插，再连接充电器，发现是有充电电流的。

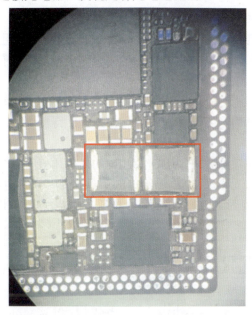

图 7-6　更换充电电感 L3340 和 L3341

给主板中层植锡，主板上下层重新贴合，装机测试，可正常充电了，如图 7-7 所示。维修到此结束。

图 7-7　充电正常

7.3 iPhone X 电压互短故障的维修

故障现象　手机接可调电源上电，电流直接跳到 1.2A 左右。

维修过程　接可调电源上电，电流直接跳到 1.2A 左右，说明主供电 PP_VDD_MAIN 或 PP_BATT_VCC 漏电。通过测这两路供电的二极体值，发现它们没有短路。仔细观察主板外观，没有发现连锡和烧焦的情况。

按原理图分析，没按下开机键之前，PMU 电源还没有全部工作，只产生了 PP_VDD_MAIN、PP_BATT_VCC 和 PP1V8_ALWAYS 待机电压，那么问题一定在这两条电路上。

再测量一遍二极体值，发现 PP_VDD_MAIN 的二极体值只有 270，正常应为 300 左右。用热成像仪测主板上的元器件，发现给 NFC 供电的一个转换芯片发热，此芯片把 PP_VDD_MAIN 电压转换为 NFC 所需的一个电压。此芯片是 NFC_DCDC_S，如图 7-8、图 7-9、图 7-10 所示。

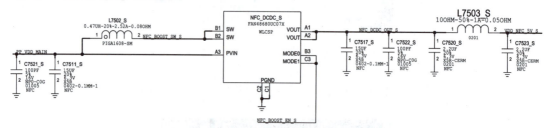

图 7-8　NFC_DCDC_S 所在电路截图

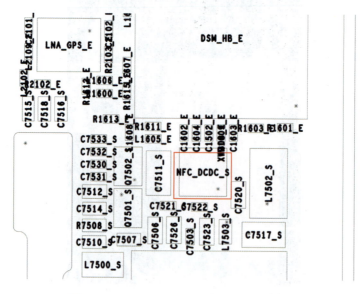

图 7-9　NFC_DCDC_S 的位置（位置图）

图 7-10 NFC_DCDC_S 的位置（实物图）

再测量 NFC_DCDC_S 的输出端发现其二极体值也为 270，说明 NFC_DCDC_S 内部已经完全与 PP_VDD_MAIN 短路了，也就是电压互短。

取下 NFC_DCDC_S，测得 PP_VDD_MAIN 二极体值已经正常了。更换 FC_DCDC_后故障修复。维修到此结束。

7.4 iPhone X 电压跳变故障的维修

故障现象 取出手机主板，接可调电源上电，观察发现电流在 0～50mA 来回跳变，这与正常的开机电流不一样。

维修过程 首先测量主板上各路供电电压是否正常：PP_VDD_MAIN 处测到 4.2V；PP_VDD_BOOST 处测到 4.2V； PP1V8_ALWAYS 处有正常的 1.8V；当测到 PP1V1_S2、PP0V8_SOC_FIXED_S1、PP1V8_S2 等由电源芯片 U2700 输出的后级电压时，发现电压不停跳变。

根据以往的维修经验，电压跳变故障一般是由 U2700 输出的某路供电电路引起的。测量所有供电的二极体值，没有发现短路。维修进行到这里有点疑惑了，这种情况是以前的维修中从未遇到的。

记得以前维修 iPhone 7 Plus 时，如果一个晶振空焊的话也会引起电压跳变，又咨询了同事，说 CPU 供电不正常的话，也会引起电压跳变。目检晶振没有问题，那就查 CPU 供电吧。

打开"鑫智造",查看电路图,发现CPU有三路供电,不但直接进CPU,而且还通过小电阻或电感进CPU。这三路供电电压分别是PP1V2_SOC、PP0V8_SOC_FIXED_S1、PP1V8_IO,如图7-11、图7-12所示。

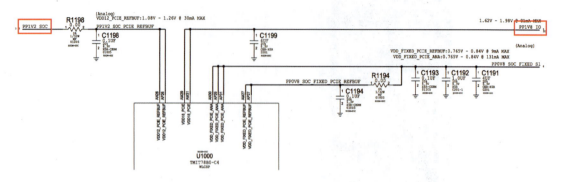

图7-11　PP1V2_SOC和PP0V8_SOC_FIXED_S1所在电路截图

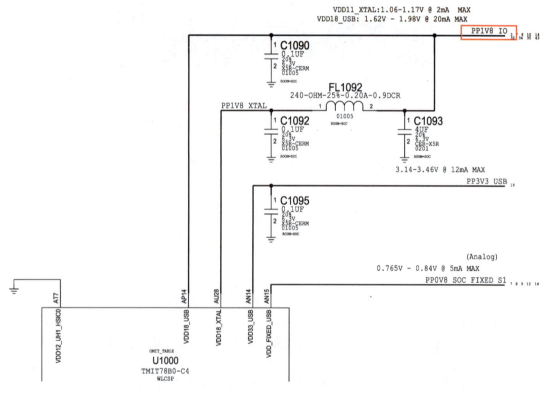

图7-12　PP1V8_IO所在电路截图

逐个测量这三路供电的电压,当测量到PP1V8_IO的电感FL1092时,发现一端电压为1.8V,而另一端电压为0。电感FL1092的位置如图7-13、图7-14所示。

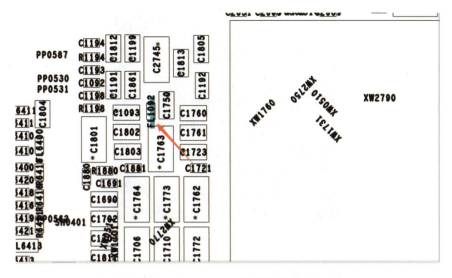

图 7-13　电感 FL1092 的位置（位置图）

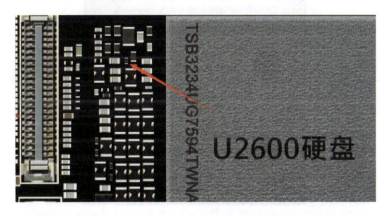

图 7-14　电感 FL1092 的位置（实物图）

测量电压为 0 的那端的二极体值 490，而正常应为 280 左右。再次测量电感 FL1092 本体，发现电感损坏了。更换上一个新电感，故障修复。维修到此结束。

后来分析，这个 PP1V8_IO 经过电感 FL1092 后更名为 PP1V8_XTAL，给 CPU 内部的晶振模块供电。这也就验证了 iPhone X 的电压跳变和 iPhone 7 Plus 的电压跳变的原理是一样的。

7.5　iPhone X 后置摄像头连接座掉点故障的维修

故障现象　同行在维修拆机时，把后置摄像头连接座拆掉点了，处理不好了。

维修过程　拿到主板后，首先在显微镜下观察，发现焊盘上有些焊锡都没熔化，就被拆下的，不知道是被拆掉点的还是被摔坏的，另外主板也有点变形。

先把后置摄像头连接座 J3900 的焊盘处理一遍，用电烙铁拖平上焊锡，然后再给焊盘飞线补点，如图 7-15 所示。

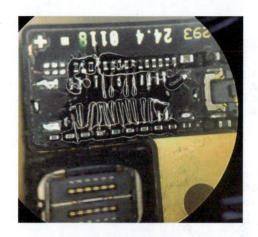

图 7-15 焊盘飞线

这里提醒下读者，尽量把焊点做成回形针形状，增大接触面积，如图 7-16 所示。

图 7-16 J3900 后置摄像头连接座飞线图

飞线完成后，涂绿油固化，如图 7-17 所示。

图 7-17 涂绿油固化

给焊盘上飞线补点位置点上锡球，再焊回后置摄像头连接座。焊回连接座后，将没接触好的引脚补锡加焊牢固，如图 7-18 所示。

图 7-18　焊回后置摄像头座后，将引脚补锡加焊

装机测试，后置摄像头恢复正常，测试功能也正常。维修到此结束。

7.6　iPhone X 连续拍照后卡顿重启故障的维修

故障现象　手机打开相机拍照时，连拍几张照片后就会马上重启。

维修过程　首先开机测试，触发相机快门按键，一直连拍十几张后手机出现卡顿，然后重启。

拆机，取下主板，测得摄像头连接座及各供电的二极体值都正常。更换测试用的后壳总成进行测试，故障依旧。根据以往的维修经验，初步怀疑是 CPU 与硬盘存储之间有问题，决定先更换硬盘试试。

更换硬盘后测试没问题，也没有出现故障，本以为修好了，当再次打开相机，连拍 600 张时手机无法继续拍照了，松开拍照按键继续连拍时，又再次出现死机重启的故障。果断拆下 CPU（即 A11），重植 CPU，如图 7-19 所示。

图 7-19　拆下 CPU

给 CPU 除胶、植锡，给主板焊盘除黑胶，如图 7-20 所示。

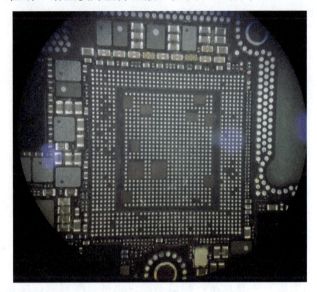

图 7-20　给主板焊盘除黑胶

装上 CPU，装机，开机。经过一段时间测试，拍照时没有再死机重启。维修到此结束。

7.7　iPhone X 无法录入人脸数据、感光功能不能用故障的维修

故障现象　手机无法录入人脸数据，感光功能不能用。

维修过程　无法录入人脸数据分两种情况，一种情况是开机时提示无法使用 Face ID，这是手机识别不到硬件；另一种情况是能打开录入人脸数据界面，但是无法录入人脸数据。

拆机，在显微镜下观察，发现听筒排线有折裂的痕迹，如图 7-21 所示。

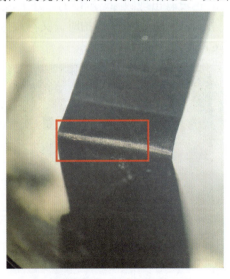

图 7-21　听筒排线有折裂

因为修复这种排线不适合飞线,所以先拆下泛光加密芯片(见如图 7-22),然后更换听筒排线。

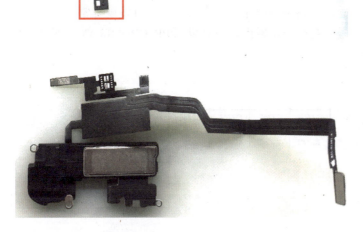

图 7-22　拆下泛光加密芯片

更换好听筒排线,装机测试,可以正常录入人脸数据了,如图 7-23 所示,又测试其他功能均正常。维修到此结束。

图 7-23　可以正常录入人脸数据

7.8　iPhone X 缺电压疑似通病故障的维修

故障现象　主板接可调电源，上电触发发现电流为 0，明显异常。

维修过程　先测各路主要电压的二极体值，没有发现异常。

再测量各路电压是否正常输出。当测量到 PP_CPU_SRAM（见图 7-24）时，发现电压为 0，其他电感的电压都是正常的。

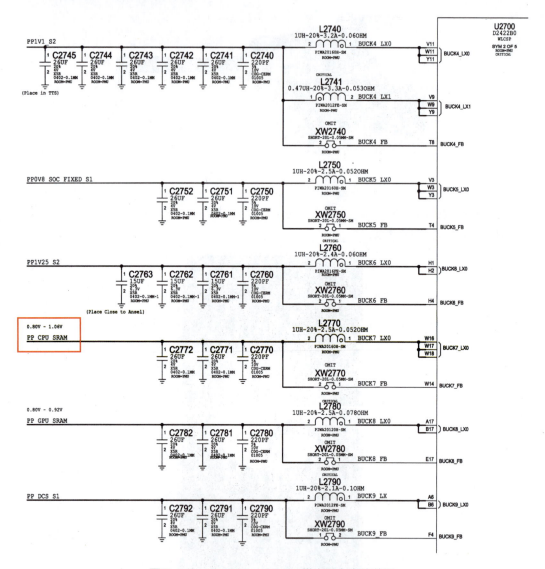

图 7-24　PP_CPU_SRAM 供电所在电路截图

这一路电压是 Buck 电压，是由电源芯片输出的电压经过电感 L2770 和后面的电容储能滤波后输出得到的。既然刚刚测得电感的二极体值是正常的，且电源芯片输出的其他电压也都正常，判定电源芯片应该没有损坏，而可能是电感 L2770 损坏了。电感 L2770 的位置如图 7-25 和图 7-26 所示。

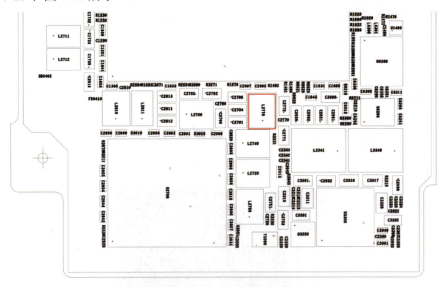

图 7-25　电感 L2770 的位置（位置图）

图 7-26　电感 L2770 的位置（实物图）

更换电感 L2770 后，故障排除。维修到此结束。

7.9　iPhone X 进水卡白苹果重启故障的维修

故障现象　手机进水，开机显示白苹果图标后反复重启，俗称"卡白苹果重启"。

维修过程 开机测试,能显示白苹果图标,数秒钟后重启。由于 2018 年 iPhone 7 的"基带门"通病问题给大家造成的阴影,所以第一反应想到的就是基带有问题。

拆机,接可调电源触发,观察发现电流跳变正常,但当电流跳到 1A 以上时,跳两下就黑屏重启,如此反复。根据维修经验,触发电流为 1A,可以排除基带 CPU 短路的可能性。当电流达到 1A 时除了基带搜索信号外,系统也在检测 Wi-Fi 和各外配,那么我们就优先排查外配。

首先拔掉前置感应排线,手机可正常启动进系统了。看到这儿,很多小伙伴可能会想这么简单啊,换个前置排线就好了。如果是 iPhone 的其他机型,的确换一个前置排线就好了,但是 iPhone X 的前置感应排线是有加密芯片的,如果更换的话,人脸识别功能也就无法正常使用了。

维修之前,需要将前置感应排线小心从屏幕上取下来。线很细,很脆,拆卸时一定要小心。取下之后,放在显微镜下观察,可以看到前置感应排线处有进水腐蚀的痕迹,如图 7-27 所示。

图 7-27 前置感应排线有进水腐蚀的痕迹

接着取下加密芯片,如图 7-28 所示。因为这个加密芯片很容易坏,所以取的时候要注意电烙铁的温度。

图 7-28 取下加密芯片

取下加密芯片之后，发现其下面果然被腐蚀了。清理后重新装上加密芯片和前置感应排线，装机测试，开机正常了，人脸识别功能也正常了。维修到此结束。

7.10 iPhone X 不能充电故障的维修

故障现象 手机不能充电。

维修过程 维修之前，先讲解一下 iPhone X 的充电线路原理。

插上数据线，尾插连接座 J6400（见图 7-29 和图 7-30）的 47 脚和 48 脚得到 5V 输入电压 PP_VBUS1_E75，同时 20 脚 HYDRA_CON_DETECT_CONN_L 会被拉低。

图 7-29 尾插连接座 J6400

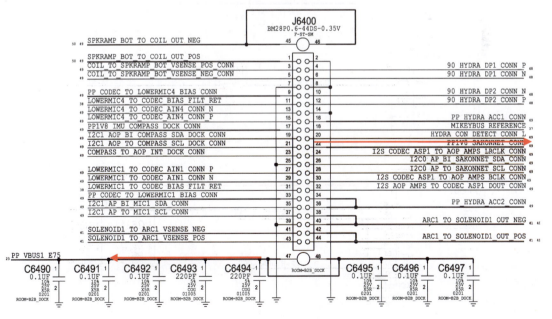

图 7-30 J6400 所在电路截图

5V 的 PP_VBUS1_E75 送给 U3300，如图 7-31 所示。

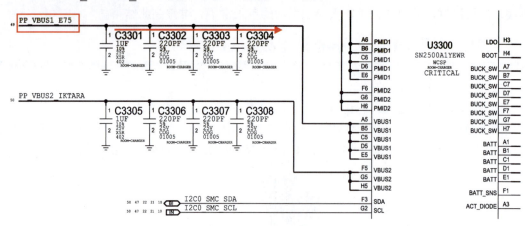

图 7-31　5V 的 PP_VBUS1_E75 送给 U3300

U3300 再经过 R3360 输出 PP_VBUS1_E75_RVP 送给 U6300，如图 7-32 所示。

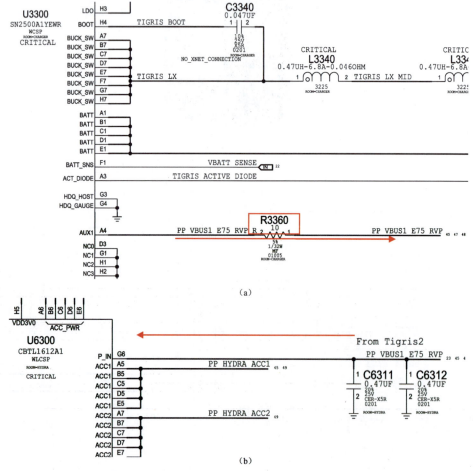

图 7-32　U3300 再经过 R3360 输出 PP_VBUS1_E75_RVP 送给 U6300

HYDRA_CON_DETECT_CONN_L 通过 R6410 改名为 HYDRA_CON_DETECT_L，如图 7-33 所示。

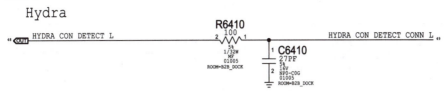

图 7-33　HYDRA_CON_DETECT_CONN_L 通过 R6410 改名为 HYDRA_CON_DETECT_L

HYDRA_CON_DETECT_L 送给多功能电子开关管 U6300 的 G3 脚，如图 7-34 所示。当 U6300 接收到一个低电平信号，即用来识别充电线是否接入。

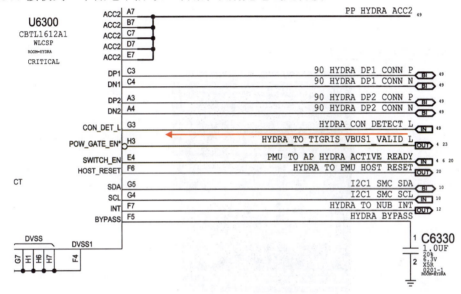

图 7-34　HYDRA_CON_DETECT_L 送给多功能电子开关管 U6300 的 G3 脚

U6300 得到 5V 供电，也检测到尾插接入后，会通过 UART 数据接口把信息反馈给 CPU（U1000），如图 7-35 所示。

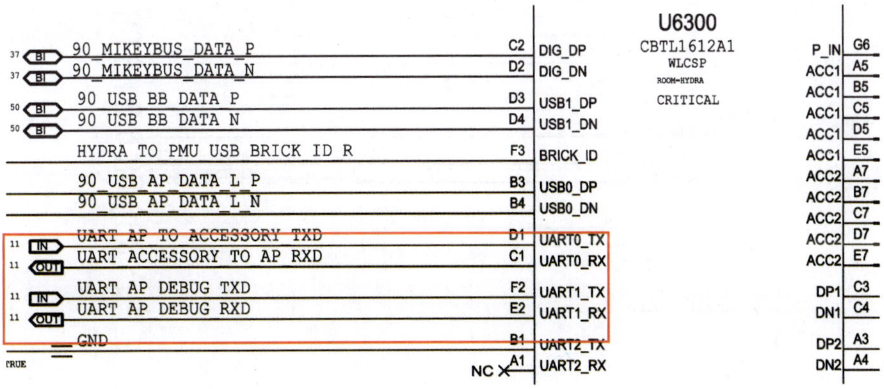

图 7-35　UART 数据接口信号所在电路截图

充电控制芯片 U3300 在接收到 5V 后也会通过电阻 R3332 把外接 5V 的信息反馈给 CPU，如图 7-36 所示。相应地，此时手机电池格变为绿色，出现闪电充电图标。

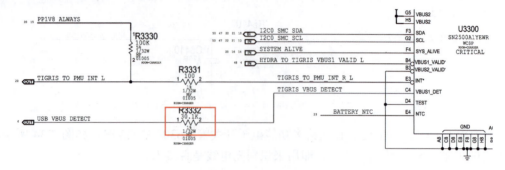

图 7-36　电阻 R3332 所在电流截图

U6300 和 U3300 的位置如图 7-37 所示。

图 7-37　U6300 和 U3300 的位置（实物图）

当手机需要充电时，U6300 发送开启信号 HYDRA_TO_TIGRIS_VBUS1_VALID_L 到 U3300，如图 7-38 所示，U3300 开始工作，手机开始充电。

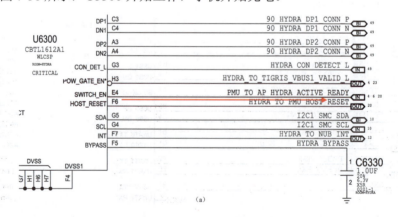

图 7-38　U6300 发送开启信号 HYDRA_TO_TIGRIS_VBUS1_VALID_L 到 U3300

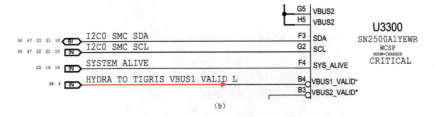

图 7-38　U6300 发送开启信号 HYDRA_TO_TIGRIS_VBUS1_VALID_L 到 U3300（续）

学习完原理整理，下面开始维修。

拆机，取出主板，测得 HYDRA_CON_DETECT_L 是正常的，量得 5V 电压 PP_VBUS1_E75 的电压只有 4.5V。问题找到了，U3300、U6300 检测不到正常的 5V 电压，手机就肯定充不了电。以为是小问题，心想无非是二极体值变低拉低了电压，但实际测得 5V 电压的二极体值却是正常的 1600 多。

既然是电压降低了，肯定是与充电线路相连的芯片拉低了电压，而充电线路上只有一个 U3300，所以先把 U3300 更换掉，再测量电压，故障依旧。再把 U3300 转换出来的 PP_VBUS1_E75_RVP 所连接的元器件（U6200、DZ5900、U6300）都更换一遍，故障依旧。

PP_VBUS1_E75 的电压依然只有 4.5V。静下心来，逐个排查每个相连的芯片的外围电路，测得 U3300 的 TIGRIS_LDO 是短路的。TIGRIS_LDO 只与电容 C3360 和 C3361 相连，如图 7-39 所示。

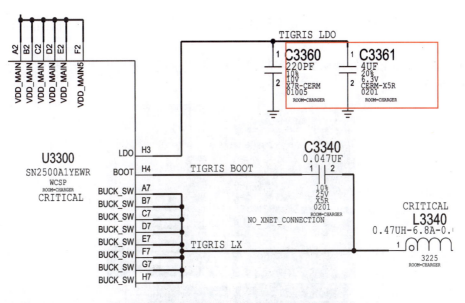

图 7-39　TIGRIS_LDO 相关电路截图

电容 C3360 和 C3361 的位置如图 7-40 所示。

图 7-40　电容 C3360 和 C3361 的位置（实物图）

TIGRIS_LDO 是供电芯片用的线性电压。更换故障电容后，手机可正常充电，开机测试，手机功能正常。维修到此结束。

供电芯片得到 5V 主供电后先产生线性电压给自身使用。这类电路也用在笔记本电脑中。由于芯片内部一般是线性稳压模块，输出短路通常也会拉低输入电压。

7.11　iPhone X 不读卡故障的维修

故障现象　客户描述手机不读卡，插卡没有任何反应。

维修过程　首先插卡测试，故障和客户描述的一样。初步判断是卡槽损坏导致的不读卡。

先检查外观，没有发现明显的异常。拆机，取出主板，测得卡槽的二极体值为 0，如图 7-41 所示。

图 7-41　卡槽的二极体值为 0

卡槽这 4 个信号的二极体值正常都应是 400 多，但测量时发现有一个脚已经接地了。先拆除与这个脚相连小元器件，以排除是否是这些小元器件损坏引起了短路。拆完后再测量时，那个短路的引脚依旧短路。这样只能决定将卡槽拆下。

用风枪加热，将卡槽拆下，再次测量那个短路引脚的二极体值，发现其正常了，如图 7-42 所示。

图 7-42　短路引脚的二极体值正常了

更换一个卡槽后开机测试，插卡已经正常读卡。维修到此结束。

7.12　iPhone X 被摔后不能开机故障的维修

故障现象　手机被摔过之后就不能开机了，刷机报错"56"，如图 7-43 所示。

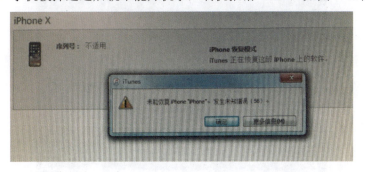

图 7-43　刷机报错"56"

注：本例中，使用的系统会在此处报错。使用 iOS12 系统后，此处就不再报错了。

维修过程　由于 iPhone X 的主板是两块电路板经过中柱连接贴合在一起的，所以很容易被摔掉点。初步判断有可能是 NFC 芯片通往 CPU 部分被摔掉点了。

拆机，取出主板，用热风枪加热将主板上下层分开，可以清楚地看到掉了一排焊点，如图 7-44 所示。

图 7-44　主板分后，可以清楚地看到掉了一排焊点

打开"鑫智造"，查看位置图，发现掉点部分的周围一圈都是地线，有用的点就掉了 6 个，如图 7-45 所示，都是 NFC 芯片的信号线。

图 7-45　6 个有用的焊点被摔掉

地线是不用补的,但要补上这 6 个 NFC 芯片的信号线,如图 7-46 所示。

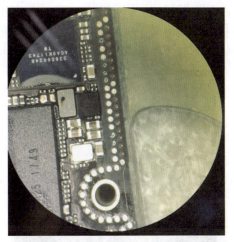

图 7-46　用飞线补上这 6 个 NFC 芯片的信号线

然后植中柱的锡,把 AP 逻辑主板部分焊回去,如图 7-47 所示。

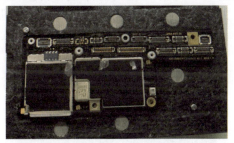

图 7-47　焊回逻辑主板部分

将主板装机,开机测试,刷机正常通过,测试功能正常。维修到此结束。

7.13　iPhone X 不能开机,接电"大电流"故障的维修

故障现象　手机不能开机,接电"大电流",达到 1.455A,如图 7-48 所示。

图 7-48　接电"大电流"

维修过程 拆开 iPhone X 的屏幕，接可调电源，上电后发现手机短路。把主板拆下，再次接可调电源，依然短路。用手触摸主板，没有发现主板表面有发烫的地方。

将主板分层，上层单板接可调电源上电，还是短路。在主板通往主供电的线路上熏上松香，再次上电，发现主电源一处的松香瞬间熔化了，如图 7-49 所示，说明此处短路。

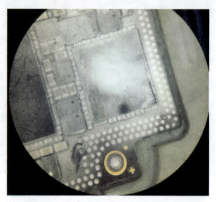

图 7-49 主电源一处松香瞬间熔化了

将主电源拆下，发现主电源松香熔化处的焊盘下已经被烧糊，幸好被烧糊的是 3 个空点，如图 7-50 所示。

图 7-50 焊盘的 3 个空点被烧糊

直接更换一个主电源芯片，如图 7-51 所示。

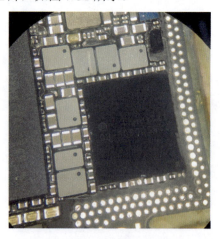

图 7-51 更换主电源芯片

再次接可调电源上电测试，发现有些漏电，电流为 77mA，如图 7-52 所示，按开机键无反应。77mA 这个电流值说明主供电线路上还有些元器件不正常。

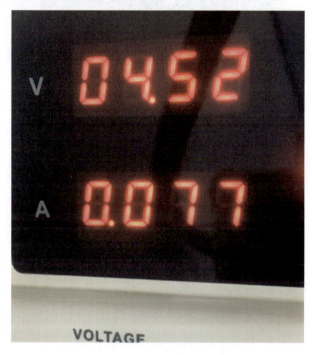

图 7-52　漏电电流为 77mA

继续查找，发现在 CPU 边上的一个升压芯片有点微烫，而且此升压芯片也是通主供电的。拆下升压芯片，如图 7-53 所示。

图 7-53　拆下升压芯片

更换一个好的升压芯片后，再次接可调电源上电测试，已经不漏电了，按开机键，上电电流能上到 500mA 多重启。

接上"iPhone X 测试架"测试，上电正常开机，如图 7-54 所示。

图 7-54 上电正常开机

将主板上下层贴合,装机测试,手机功能正常。维修到此结束。

7.14　iPhone X 短路导致不能开机故障的维修

故障现象　iPhone X 短路导致不能开机。

维修过程　接可调电源,上电直接从大电流 700~800mA 多跳变,如图 7-55 所示,说明主板短路导致手机不能开机。同时,也发现主板明显发烫。

图 7-55　上电"大电流"

直接用旋风热风枪,温度为340℃,将主板分层,如图7-56所示。

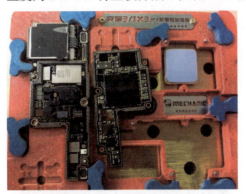

图7-56 将主板分层

给上层主板接可调电源,上电电流还是从700~800mA多跳变,说明上层主板有短路之处。先用手大致找到主板发烫的地方,然后熏上松香,再次上电,发现电容C4498上的松香最先熔化了,说明此电容短路了。这是PP_VDD_BOOST上的一个电容,如图7-57所示。

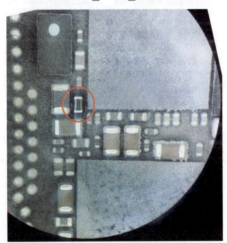

图7-57 C4498电容

去掉故障电容C4498后再次接可调电源,上电后电流恢复正常,如图7-58所示。

图7-58 电流恢复正常

255

把上下层主板放进轻巧版的"iPhone X 测试架"上，进行开机测试，如图 7-59 所示。

图 7-59　开机测试

测试正常后，重新植锡贴合主板，装机测试，手机功能正常。维修到此结束。

7.15　iPhone X 不能开机，刷机报错"4013"故障的维修

故障现象　手机不能开机，用 iTunes 刷机时报错"4013"，如图 7-60 所示。同时，手机背面玻璃摔坏了。

图 7-60　刷机报错"4013"

维修过程　手机不能开机，刷机时报错"4013"，看刷机进度条停止的位置，初步判断有点像 CPU 的问题。但是，iPhone X 的两块主板是通过中柱焊接在一起的，CPU 不太容易出问题，很有可能是总线有问题。总线问题也会引起手机刷机时报错"4013"。

拆机，观察发现手机的进水标变红了，如图 7-61 所示，说明手机进过水。

图 7-61　进水标变红

接可调电源，开机电流可以到 1.4A（见图 7-62），但是发现不安装屏幕排线，手机可以正常开机进系统。

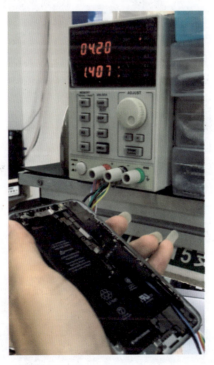

图 7-62　开机电流为 1.4A

测试中，又发现不安装前听筒排线，手机也可以正常开机。测量发现听筒、感光连接座 J4600 的 10 脚 I2C0_AOP_BI_PROX_ALS_YOGI_SDA_CONN 信号（见图 7-63）对应听筒排线上的点的二极体值只有 24，如图 7-64 所示。

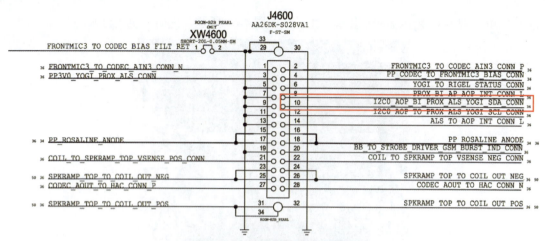

图 7-63　J4600 所在电路截图

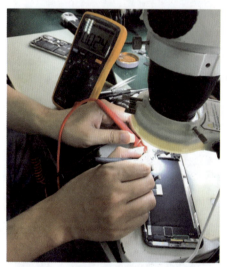

图 7-64　测得听筒排线 I2C0_AOP_BI_PROX_ALS_YOGI_SDA_CONN
信号对应听筒排线上的点的二极体值为 24

拆下听筒排线，在显微镜下观察到距离传感器（见图 7-65）、红外摄像头、泛光感光器部位有进水被腐蚀的痕迹。

图 7-65　距离传感器被进水腐蚀

用热风枪取下距离传感器，如图 7-66 所示，处理被腐蚀的地方。
取下感光组件，如图 7-67 所示。

图 7-66　取下距离传感器

图 7-67　取下感光组件

处理好后，将距离传感器焊回排线，测得听筒排线上 I2C0_AOP_BI_PROX_ALS_YOGI_SDA_CONN 的二极体值已恢复正常，如图 7-68 所示。

图 7-68　测得听筒排线上 I2C0_AOP_BI_PROX_ALS_YOGI_SDA_CONN 的二极体值恢复正常

装机测试，开机正常进入系统，接下来要更换后壳玻璃，拆下电池、摄像头、喇叭等元件。热风枪加热撬掉后壳玻璃，如图 7-69 所示。

图 7-69　撬掉后壳玻璃

处理好后壳上的残胶，用手磨机磨掉摄像头边上的钢圈，贴合后玻璃。将后玻璃贴合好后，再粘一个好的摄像头钢圈。

把拆下的电池、摄像头、喇叭等元件装回后壳，装机测试。进水后人脸识别功能很容易损坏，而且无法修复，但测试其他功能都正常。维修到此结束。

7.16　iPhone X 进水后不能开机故障的维修

故障现象　客户自述手机落水后迅速捡起来，然后手机能就不开机了。

维修过程　拆机观察，发现进水的位置并不多。右侧卡槽处和尾部有进水腐蚀的痕迹。拆开手机屏幕和排线连接座，加电测试，发现电流在 0～500mA 之间来回摆动。这种故障电流说明是主板的主线路有短路之处。

取下主板，在显微镜下观看进水位置，发现硬盘边上有被腐蚀的痕迹。测得电容 C2647（见图 7-70 和图 7-71）短路。

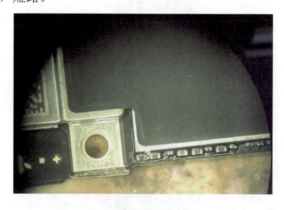

图 7-70　硬盘边上的电容 C2647

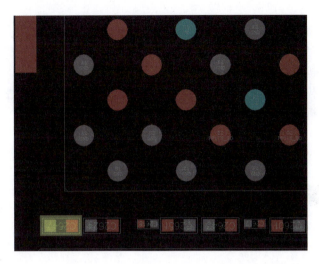

图 7-71　电容 C2647（点位图）

这个电容是硬盘和 CPU 供电的滤波电容。直接拆除电容 C2647，加电后电流正常了。

接着在显微镜下观察，没有发现主板夹层和其他位置被腐蚀的情况。单板加屏测试，开机可正常进入系统。装入机壳准备测试其他功能时，安上所有连接座测试，开机却卡白苹果重启，又有了新的问题。

单板加屏可以开机，这说明问题不大。通过逐个排查所有排线来寻找故障原因，最后发现是尾插排线有问题。

测得主板尾插连接座的二极体值都正常，尾插排线上的振动接口和喇叭这两个元件也没有损坏。最后将目标锁定在尾插（见图 7-72）本身，怀疑进水导致了其短路。

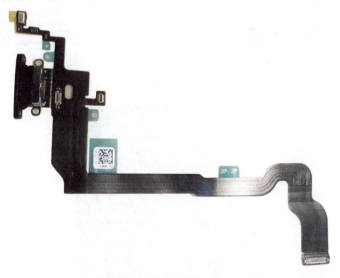

图 7-72　尾插实物图

决定直接更换新的尾插。装尾插时一定要对准定位，避免后面安装的排线扣子与主板连接座连接时出现错位。更换完成后测试，充电与其他功能均正常。维修到此结束。

7.17 iPhone X 进水后无法使用人脸识别功能故障的维修

故障现象 手机进水后，不能使用人脸识别功能。

维修过程 首先拆出主板，查看主板进水的位置。发现主板没有进水，只在屏幕上看到了进水的痕迹。拆出人脸识别加密芯片的排线，放在显微镜下观察，发现有很多水渍，如图 7-73 所示。

问题找到了，是排线进水导致的人脸识别功能不能用。更换排线，把人脸识别加密芯片（见图 7-74）搬到新排线上。

图 7-73 人脸识别加密芯片的排线上有很多水渍

图 7-74 人脸识别加密芯片

安装人脸识别加密芯片时一定要对位准确，如图 7-75 所示。

图 7-75 安装人脸识别加密芯片

装机测试，可以打开人脸识别功能，并且可以录制人脸数据，故障被排除。维修到此结束。

7.18 iPhone X 被摔后充电时可显示充电图标，但充不进电故障的维修

故障现象 手机被摔后，充电时可显示充电图标，但充不进电。

维修过程 实际测量故障是充电时可显示充电图标，但电量却越充越少，其实就是不充电。根据维修经验可知，摔过的手机充电芯片线路上的两个电感 L3340 和 L3341（见图 7-76）很容易虚焊掉脚。

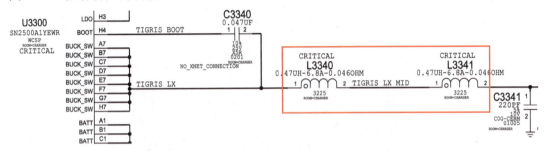

图 7-76　电感 L3340 和 L3341 所在电路截图

测量发现，接充电线到尾插，电池正极电压为 0，而正常应该为 3V 以上，因此判断故障出现在充电部分。将主板上下层分离，主板 AP 部分如图 7-77 所示。

图 7-77　主板 AP 部分

首先测量外围工作条件都正常，根据以往的维修经验判断电感虚焊掉脚的可能性比较大，所以决定拆下电感 L3340 和 L3341，如图 7-78 所示。

图 7-78　拆下电感 L3340 和 L3341

找来料板更换两个电感，如图 7-79 所示。

图 7-79　更换两个电感

用"iPhone X 测试架"测试，如图 7-80 所示，手机功能正常。接充电线充电，电流表显示电流也正常，故障被修复。维修到此结束。

图 7-80 用"iPhone X 测试架"测试手机

7.19 iPhone X 被重摔后触摸功能失灵故障的维修

故障现象 手机被重摔,屏幕破碎,手机触摸功能失灵。

维修过程 首先更换一块新的手机屏幕测试,触摸功能依旧失灵。

拆机,取下主板,测量触摸连接座 J5800 的二极体值,发现触摸连接座大部分脚位的二极体值都为无穷大,而这些线路都是与中层主板连接的,如图 7-81、图 7-82 所示。

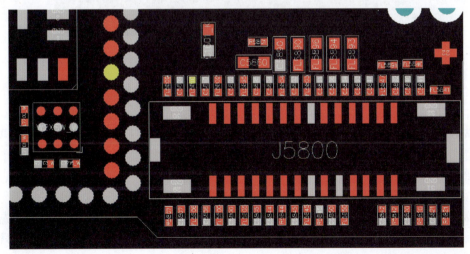

图 7-81 J5800 与中层主板连接

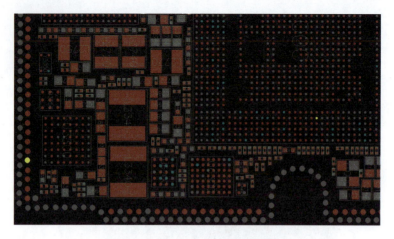

图 7-82 中层主板再连接到 CPU

这种情况，必须进行主板分层处理，才能彻底找出问题的根源。用专用的夹具卡住主板两端的卡点，如图 7-83 所示。

图 7-83 用主板分层用专用的夹具卡住主板两端的卡点

主板分层时，使用螺旋热风枪，温度为 350℃，使主板整体均匀受热，锡珠熔化后，找一个点用尖镊子快速挑起，也可以用薄片边加热边划开。

先取下上层主板，可不取下中框进行测量。本机的故障是触摸功能失灵，所以重点测量中层与触摸连接座相连的脚位。用数字万用表"蜂鸣档"测得中层主板与触摸连接座之间相连的点位都是正常相通的。

接着测试上层主板。上层主板上，与触摸连接座相连的点都是通往 CPU 的。测得上层的二极体值也是正常的，由此判断是中层主板虚焊导致的触摸故障。处理好焊盘，先用低温锡拖一遍中层主板和底层主板，拖完后用吸锡带清理干净。上层主板不用植锡，只需要对中层主板进行植锡，如图 7-84 所示。

图 7-84　给中层主板植锡

中层主板植锡的面积很大，抹锡和加热时一定要对准位置，用镊子压好，可以边吹，边移动镊子的按压位置，植锡完成后取下钢网，给中层主板加点焊油，再次加热使锡珠归位。

接着进行对接，上层主板与中层主板的对位可以在显微镜下操作，一定要保证每个点位准确地接触，在加焊的过程中不可以像焊普通芯片一样来回推动。由于使用的是低温锡，焊接温度控制在300℃。

主板贴合并冷却后，再次测试触摸连接座，测得其二极体值都正常了。先单板进行加电测试，确认开机电流已经正常后，将主板装进机壳进行测试开机测试，触摸功能恢复正常。维修到此结束。

反侵权盗版声明

电子工业出版社依法对本作品享有专有出版权。任何未经权利人书面许可，复制、销售或通过信息网络传播本作品的行为，歪曲、篡改、剽窃本作品的行为，均违反《中华人民共和国著作权法》，其行为人应承担相应的民事责任和行政责任，构成犯罪的，将被依法追究刑事责任。

为了维护市场秩序，保护权利人的合法权益，我社将依法查处和打击侵权盗版的单位和个人。欢迎社会各界人士积极举报侵权盗版行为，本社将奖励举报有功人员，并保证举报人的信息不被泄露。

举报电话：（010）88254396；（010）88258888
传　　真：（010）88254397
E-mail：　dbqq@phei.com.cn
通信地址：北京市海淀区万寿路 173 信箱
　　　　　电子工业出版社总编办公室
邮　　编：100036